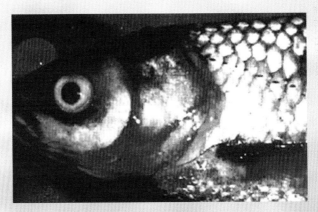

■ 草鱼出血病—红鳍、红鳃盖

■ 草鱼出血病—体表

■ 草鱼出血病—肌肉出血

■ 草鱼出血病—红鳍

■ 草鱼出血病—肠炎型一

■ 草鱼出血病—肠炎型二

■ 鲤痘疮病—全身的石蜡样增生物

■ 斑点叉尾鮰病毒病—腹部膨大

■ 斑点叉尾鮰病毒病—腹腔积水、肠胀气

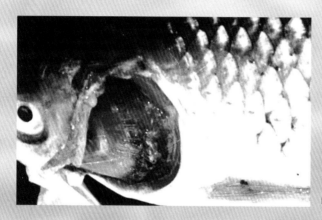

■ 草鱼烂鳃病

■ 草鱼赤皮病—腹部充血

■ 草鱼赤皮病—体
表发红、发炎、鳞
片脱落

■ 细菌性肠炎

■ 鲤细菌性败血
症—全身出血

■ 鲤穿孔病

■ 鲢鱼细菌性败血症—头部、眼和鳍充血

■ 银鲫细菌性败血症—贫血和血性腹水

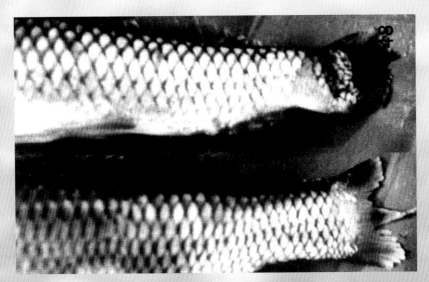

■ 烂尾病

■ 白皮病

■ 白头、白嘴病

■ 竖鳞病

■ 疖疮病

■ 白云病

■ 罗非鱼水霉病—体表大量水霉寄生

■ 鳃霉病—花斑鳃

■ 卵甲藻病

■ 圆形碘泡虫
病—头部的胞囊

■ 圆形碘泡虫病—尾鳍的胞囊

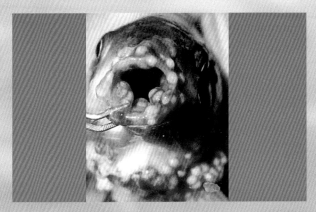

■ 圆形碘泡虫病—口腔周围的胞囊

■ 圆形碘泡虫病—鳃上形成的胞囊

■ 饼形碘泡虫病—鱼苗剥皮后见肌肉上的胞囊

■ 野鲤碘泡虫病—体表白色胞囊

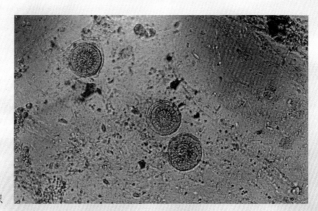

■ 车轮虫

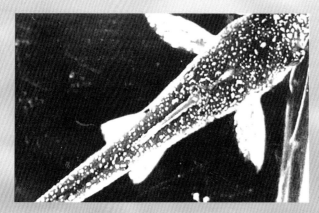

■ 斑点叉尾鮰小瓜
虫病—体表大量的虫
体寄生形成"白点"

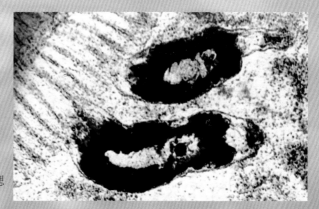

■ 指环虫病—鳃
上寄生的指环虫

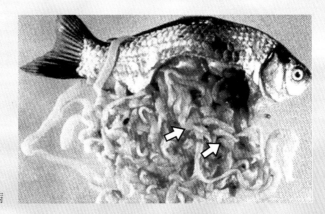

■ 舌形绦虫病

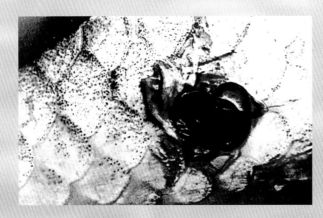

■ 嗜子宫线虫病—寄生在鳞片下的嗜子宫线虫

■ 水蛭病—吸附于鳍上的水蛭

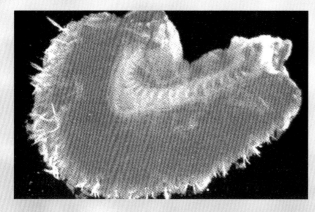

■ 中华蚤病—寄生
在鳃部的中华蚤

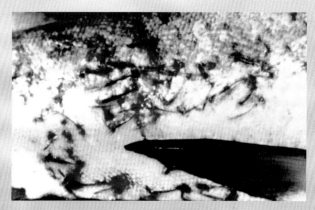

■ 锚头蚤病—寄生
在鱼体上的多态锚
头蚤

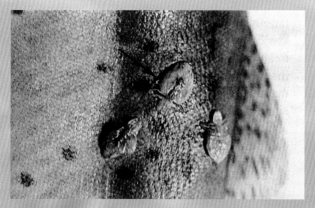

■ 鱼鲺病—寄生鱼
体表的鱼鲺

■ 弯体病

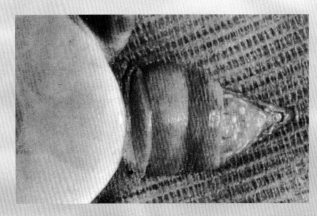
■ 鳖红脖子病—颈部肿大、充血发红

■ 蛙红腿病—幼蛙腿内侧充血发红

现代渔业提升工程·水产标准化健康养殖丛书

鱼病
标准化防控关键技术

高春生　王春秀　编著

中原农民出版社
·郑州·

图书在版编目(CIP)数据

鱼病标准化防控关键技术/高春生,王春秀编著
.—郑州:中原农民出版社,2015.9
(现代渔业提升工程·水产标准化健康养殖丛书/
张西瑞主编)
ISBN 978-7-5542-1261-5

Ⅰ.①鱼… Ⅱ.①高… ②王… Ⅲ.①鱼病-防治-
标准化管理 Ⅳ.①S943

中国版本图书馆 CIP 数据核字(2015)第 191947 号

鱼病防控关键技术

高春生　王春秀　编著

出版社:中原农民出版社

地址:河南省郑州市经五路 66 号　　　**邮编:**450002

网址:http://www.zynm.com　　　**电话:**0371-65788655

发行单位:全国新华书店　　　**传真:**0371-65751257

承印单位:河南安泰彩印有限公司

投稿邮箱:1093999369@qq.com

交流 QQ:1093999369

邮购热线:0371-65724566

开本:890mm×1240mm　　　A5

印张:6.5

字数:187 千字　　　**插页:**16

版次:2015 年 10 月第 1 版　　　**印次:**2015 年 10 月第 1 次印刷

书号:ISBN 978-7-5542-1261-5　　　**定价:**18.00 元

本书如有印装质量问题,由承印厂负责调换

编 委 会

序 言

据文字记载,我国有 2 500 多年的鱼类养殖历史,可谓世界之最。今天,我国已是世界上水产品生产、贸易和消费的第一大国。多年来,我国渔业生产保持着持续快速发展的势态,在国民经济中的地位日益凸显,并已成为农业和农村经济发展的重要增长点。2013 年全国渔民人均纯收入 13 039 元,远高于农民人均收入的 8 896 元;全国水产品总产量为 6 172 万吨,连续 24 年位居世界首位,为城乡居民膳食提供了 1/3 的优质动物蛋白源。近年来,渔业产业结构不断优化,实现了生产方式由捕捞为主向养殖为主的重大转变。

2013 年以来,中央连续出台了多项惠渔政策,鼓励并引导水产养殖业从传统渔业向现代渔业转型。现代渔业已成为各种新技术、新材料、新工艺密集应用的行业。渔业的规模化、集约化、标准化和产业化发展,对科技的依赖程度也在不断提高。因此,我们需要不失时机地普及水产科学知识,提高从业者素质,帮助他们吸纳和运用现代生物技术、信息技术和材料技术的新成果,发展现代渔业和精深加工业,以降低资源消耗、环境污染和生产成本,不断提高渔业的资源产出率和劳动生产率,进一步引领和支撑优质、高效、生态、安全的现代渔业发展。

河南省淡水渔业发展很快,在传统渔业的基础上,现代渔业也开始起步。面对这一可喜的新形势,有关主管部门组织专家和技术人员适时编写《现代渔业提升工程·水产标准化健康养殖丛书》,除了进一步激发渔业科技人员总结在实践中的创新经验外,无疑将对渔业从业者培训、促进行业转型发展等起到推动作用。发展现代渔业的关键是新型渔民的培养与经营主体的培育,造就产业发展的主力军。通过对基层渔业科技人员和养殖户培训,掀起广大渔业劳动者学科技、用科技的热潮,切实提高他们的从业技能,促进渔业科技成果转化，培养有文化、懂技术、会经营、善管理的新型渔民，为现代渔业建设培育经营主体和可持续发展提供支撑能力。

丛书涵盖了淡水渔业各方面内容，包括高产池塘创建和低产池塘改造、健康养殖示范场创建、水产原良种体系建设、渔业科技推广、休闲渔业、水产品质量安全、水生生物资源养护以及苗种质量鉴别与培育技术、鱼类病害防治和渔药残留控制、养殖水体水质调控技术、饲料配制与投喂新技术、池塘生态养殖技术、池塘生态工程设施与模式构建、水产养殖病情监测预警等内容，适用于管理者和经营实践者学习参考，是新形势下渔业的科普兼专业性读物。同时，丛书特别强调保障水产品质量安全、改善水域生态环境、维护水域生态安全、提倡渔业相关的二、三产业等的协调发展，最终实现装备先进、高产优质、环境友好、渔民增收的现代渔业发展新格局。

多年来，我与河南水产科技人员共事和交流，对他们敢为人先的创造性和务实拼搏的敬业精神尤为钦佩。我期待着在全国现代渔业建设的大潮中，河南水产事业走出自己特色之路，并大有作为！

中国科学院水生生物研究所研究员
中国科学院院士
2015 年 1 月

2

前　言

　　随着水产养殖业的迅猛发展,我国已成为世界上水产养殖大国。然而近年来,烂鳃病、肠炎病、水霉病、指环虫病、锚头鳋病、肝病等病频发甚至突发,导致了较高的死亡率,给养殖者带来了严重的损失,成为困扰淡水养殖鱼类产业持续发展的一个重要的瓶颈。

　　中国加入世界贸易组织后,我国的鱼类病害研究也进入了一个新的历史时期。当前,我国水产养殖业养殖规模不断扩大,集约化程度不断提高,但与此同时,池塘老化、水质环境污染、管理与技术措施滞后等情况也相应出现,而且在鱼病的诊断、治疗和药物防制过程中,由于较多养殖者缺乏规范和有效的方法,使得用药效果和用药安全均无法得到保障,渔药的耐药性和残留问题也日益突出,严重制约了我国渔业的发展。因此,在养殖过程中,施行科学、合理、规范和安全的药物防制措施,已刻不容缓。

　　本书对鱼类常见的疾病从流行特点、病原学、症状特征、诊断要点及防控技术措施等方面都做了全面详细的介绍,其内容综合了近几年来国内外鱼病研究的新成果与新技术,基本上达到了科学性、实用性与可操作性的完美结合。既是科学普及鱼病临床诊断技术与防控技术知识的图书,又是理论结合实际的科普著作,可供广大水产科技工作者、防疫检疫科技人员、大专院校教学及科学研究专业人员学习与参考。

　　由于作者水平有限,书中如有不妥之处,敬请同行、专家及广大读者批评指正。

编者

2015 年 1 月

目 录

第一章　鱼病标准化防制基础知识

　　鱼类与所有的生物一样，与环境和谐统一则健康成长，繁衍后代。当环境发生变化或鱼类机体某些变化而不能适应环境，就会引起鱼病，鱼病是机体和外界环境因素相互作用的结果。

　　鱼病防制要想取得有效的效果，最重要的是对疾病做出快速、准确的诊断，对症下药。要做到对疾病的诊断快速准确，必须对疾病进行全面的检查，并对鱼类生活的环境进行详细的调查。

　　疾病预防是鱼类养殖工作中的重要环节，是提高鱼类养殖产量及经济效益的根本保证。多年来的实践证明，只有贯彻"全面预防、积极治疗"的方针，采取"无病先防、有病早治"的原则，才能减少或避免疾病的发生。

第一节　引起鱼病的原因和条件

一、引起鱼病的环境因素

引起鱼病的环境因素主要有生物因素、水体理化因素和人为因素 3 个方面。

1. 生物因素

常见的鱼病中，绝大多数是由各种生物传染或侵袭机体而引起。使鱼类致病的生物，通称为病原体。鱼病病原体包括病毒、细菌、真菌、寄生虫等。此外，还有些动植物直接危害水产养殖动物，如水鼠、水鸟、水蛇、凶猛鱼类和藻类等，统称为敌害。

2. 水体理化因素

水是鱼类最基本的生活环境。水的理化因子如水温、溶氧量、pH、盐度、光照、水流、化学成分及有毒物质对鱼类生活影响极大。当这些因子变化速度过快或变化幅度过大，鱼类应激反应强烈，超过机体允许的限度，无法适应而引起疾病。

（1）水温　鱼类是变温动物，体温随外界环境变化而变化，且变化是渐进式的，不能急剧升降。当水温变化迅速或变幅过大时，机体不易适应引起代谢紊乱而发生病理变化产生疾病。如鱼类在不同的发育阶段，对水温的适应力有所不同，鱼种和成鱼在换水、分塘和运输等操作过程中，要求环境水温变化相差不超过 5℃，苗种不超过 2℃，否则就会引起强烈的应激反应，发生疾病甚至死亡。

各种鱼类均有其生长、繁殖的适宜水温和生存的上、下限温度。如罗非鱼为热带鱼类，其生长的适宜温度为 16～37℃，最适宜水温为 24～32℃，能耐受高温上限为 40℃ 左右，耐受低温下限为 8～10℃，高于上限水温或低于下限水温即死亡，若长期生活在 13℃ 的水中,就会引起皮肤冻伤,产生病变,并陆续死亡。虹鳟是冷水性鱼类,其生长的适宜水温为 12～18℃,最适水温 16～18℃,水温升高到 24～25℃时即死亡。我国四大家鱼属温水性鱼类,其生长最适水温为 25～28℃,水温低于 0.5℃或高于 38℃即死亡。此外,各种病原生物在适宜水温条件下,生长迅速,繁殖加快,使鱼类严重发病甚至暴发性地发生疾病,如病毒性草鱼出血病,在水温 27℃以上最为流行,水温 25℃以下病情逐渐缓解。

(2)溶氧量　水体溶氧量对鱼类的生存、生长、繁殖及对疾病的抵抗力都有重大的影响。当水体中溶氧量高时,鱼类摄食强度大,消化率高,生命力旺盛,生长速度快,对疾病的抵抗力强;当水体溶氧量低时,鱼类摄食强度小,消化率低,残剩饵料及未消化完全的粪便污染水质,长期生活在此环境中,体质瘦弱,生长缓慢,易产生疾病。从水产养殖角度来看,水体溶氧量在 5～8 毫克/升为正常范围,有利于水产养殖动物生存、生活、生长和繁殖;若水体溶氧量降到 3 毫克/升时,属警戒浓度,此时水质恶化;溶氧量进一步下降到 1.5 毫克/升以下时,鱼类则开始浮头,此时若不采取措施,增加溶氧量,任其进一步恶化,鱼类便会因窒息而死亡。当然,水体溶氧量过饱和,气泡会进入鱼类苗种体内,如肠道、血管等处,阻塞血液循环,使苗种漂浮于水面,失去平衡,严重时会大量死亡。

(3)pH　各种鱼类对 pH 有不同的适应范围,但一般都偏中性或微碱性,如传统养殖的四大家鱼等品种,最适宜的 pH 为 7.5～8.5,pH 低于 4.2 或高于 14,只能存活很短的时间,很快就会死亡。鱼类长期生活在偏酸或偏碱的水体中,生长不良,体质变弱,易感染疾病。如鱼类在酸性水中,血液的 pH 也会下降,使血液偏酸性,血液载氧能力降低,致使血液中氧分压降低,即使水体溶氧量高,鱼类也会出现缺氧症状,引起浮头,并易被嗜酸卵甲藻感染而患打粉病。在碱性水体中,鱼类的皮肤和鳃长期受刺激,使组织蛋白发生玻璃样变性。

水体 pH 的高低,还会影响水体有毒或有害物质的存在,如水中的分子氨(NH_3)和离子铵(NH_4^+)在水中的比例与 pH 的高低有密切关系,分子氨(NH_3)对鱼虾等有毒,而离子铵(NH_4^+)是营养盐,无毒。当 pH 高时,分子氨比例增大,对鱼虾等毒性增强;当 pH 低时,离子铵的比例增大,对鱼虾等毒性降低。又如,硫化氢(H_2S)对鱼虾等也有很强的毒性,硫化氢在碱性水体中可离解为无毒的硫氢根离子(HS^-),而在酸性水体中,硫化氢(H_2S)的比例大,毒性强。

(4)盐度 海水中盐类组成比较恒定,一般测定氯离子的含量即可换算盐的总量。淡水和内陆咸水盐类组成多样化,不能从氯离子的含量换算总盐度,一般是按每升水所含阴离子和阳离子的总量来计算含盐量或盐度。不同的鱼类对盐度有一定的适应范围,海水动物适应海水,淡水动物适应淡水,洄游性种类在其生命周期不同的发育阶段能适应淡水和海水,这与机体调节渗透压有关。从养殖角度来看,盐度过高、过低均会影响到鱼类的抗病力,特别是在盐度突变时,机体不能立即适应,往往导致鱼病和死亡。

(5)水体化学成分和有毒物质 水体化学成分和有毒物质会影响到鱼类的生长和生存,当其含量超过一定指标时,会引起鱼类的生长不良或引起疾病的发生,甚至会引起死亡。在养殖水体中,由于放养密度大,投饵量多,饵料残渣及粪便等有机质大量沉积在水底,经细菌的分解作用,消耗大量的溶氧,并在缺氧的情况下出现无氧酵解,产生大量的中间产物,如硫化氢、氨、甲烷等有害物质,造成自身污染,危害养殖动物。除养殖水体自身污染外,外来污染更为严重,来自矿山、工厂和农田等的排水,含有重金属离子,如汞、铅、镉、锌、镍等和其他有毒物质,如氰化物、硫化物、酚类、多氯联苯等,这些有毒物质均能使水产养殖动物慢性或急性中毒,严重时引起鱼类大批死亡。

3.人为因素

在养殖生产过程中,或因管理不善,或因操作不当等人为因素的作用,均会有损于鱼类机体的健康,导致疾病的发生和流行,甚至引起死亡。

(1)放养密度不当和混养比例不合理 放养密度过大,必然要增加投饵量,残剩饲料及大量粪便分解耗氧以及高密度鱼类呼吸耗氧极易造成水体缺氧。在低氧环境下,饵料消化吸收率降低,饵料利用率下降,未消化完全的饵料随粪便排入水中,致使溶氧量进一步降低,水质恶化,为疾病的流行创造了条件。混养比例不合理,鱼类之间不能互利共生,以致部分品种饵料不足、营养不良,养殖鱼类生长快慢不均,大小悬殊,瘦小的个体抗病力弱,也是引起鱼病的重要原因。

(2)饲养管理不当　饵料是鱼类生活、生长所必需的营养物质,不论是人工饵料,还是天然饵料都应保证一定的数量,充分供给,否则鱼类正常的生理机能活动就会因能量不够而不能维持,生长停滞,产生萎瘪病。如果投喂不清洁或变质的饵料,容易引起肠炎、肝坏死等疾病;投喂带有寄生虫卵的饵料,使鱼类易患寄生虫病;投喂营养价值不高的饵料,使鱼类因营养不全而产生营养缺乏症,机体瘦弱,抗病力低。施肥培育天然饵料,因施肥的数量、种类、时间和处理方法不当,也会产生不同的危害。如炎热的夏季投放过多未经发酵的有机肥,又长期不换水,不加注新水,易使水质恶化,产生大量的有毒气体,病原微生物滋生,从而引发疾病。

(3)机械损伤　在拉网、分塘、催产和运输过程中,常因操作不当或使用工具不适宜,会给水产养殖动物造成不同程度的损伤。如鳞片脱落、皮肤擦伤、附肢折断和骨骼受损等,水体中的细菌、霉菌或寄生虫等病原趁虚而入,引发疾病。

二、影响鱼病的条件

疾病的发生都有一定的原因和条件,有了致病的因素,但不一定就能发生疾病,疾病是否发生,与致病条件有很大的关系。影响鱼病发生的条件包括鱼类机体本身和外界环境两方面。机体本身条件是指鱼的种类、年龄、性别、健康状况和抵抗力等,如草鱼、青鱼患肠炎病时,同池的鲢、鳙鱼不发病;草鱼鱼种受隐鞭虫侵袭易患病,而同池的鲢、鳙鱼鱼种即使被该虫大量侵袭,也不发病;白头白嘴病一般是体长5厘米以下的草鱼发生,超过此长度的草鱼一般不发这种病;某种疾病流行时,并非整池同种类、同规格的个体都发病,而是有的因病重而死亡,有的患病轻微而逐渐痊愈,有的则根本不患病,这与机体健康状况和内在抵抗力有关。外界环境主要包括气候、水质、饲养管理和生物区系等,如双穴吸虫病的发生,生物区系中必须有锥实螺和鸥鸟,因为它们分别是双穴吸虫的中间寄主和终末寄主。

第二节　鱼病的检查与诊断

鱼病防制要想取得有效的效果,最重要的是对鱼病做出快速、准确的诊断,对症下药。要做到对鱼病的诊断快速、准确,必须对鱼病进行全面的检查,并对鱼类生活的环境进行详细的调查。

一、现场调查

1.疾病的异常现象

鱼类得病后,会出现各种异常现象和各种症状。根据对鱼类活动情况、摄食情况、体色变化、病理症状及死亡情况等进行观察、了解、分析、判断,可初步确定引起疾病的原因。如病原体感染或侵袭时,鱼体体色发黑,体表及病灶部位有充血、出血和发炎等症状,常出现摄食减少或停食,体质瘦弱,烦躁不安或游动失常的现象。由于缺氧会引起严重浮头现象,且鱼类吻端水肿延长。水质恶变或工业废水和药物中毒时,鱼类出现跳跃和冲撞等兴奋现象,随后进入抑制状态,并在短时间内出现大量死亡,这种因中毒而引起的急性死亡,有明显的死亡高峰期,死亡个体体表干结,有很少黏液,病鱼无明显的病灶。因机械损伤,创口有水霉寄生,也能引起大量死亡,但死亡陆陆续续出现,没有明显的死亡高峰期,在水中观察鱼体,可见体表长有"白毛"(水霉)。因营养不良易出现萎瘪病、弯体病等。

2.环境状况

水环境的变化与疾病的流行有很密切的关系。水源是否充足,水质是否受到污染或带有病原体,水的理化性质及生态条件是否符合鱼类生活和生长的需要等,都是鱼病发生的重要因素。在环境调查中要注重水源水质情况,如水温、溶氧量、pH、氨氮浓度、盐度、硬度、有机物含量、水生生物的种类和数量、重金属盐类等。

3.调查饲养管理状况

鱼类是否发病与饲养管理水平的高低也有密切关系。施肥、投饵、放养密度、品种搭配、拉网操作和加水换水等是否科学,都与疾病的发生有密切关系。如投喂大量的没有经发酵腐熟的有机肥料,分解时大量消耗水体溶氧,并产生大量有毒物质或有害物质,使养殖鱼类因缺氧和中毒大量死亡,同时给病原生物的生长繁殖创造了有利条件,引起疾病流行。

投喂变质饲料,易引起养殖鱼类中毒;投喂营养不平衡的饲料,会因营养不良而产生萎瘪病、跑马病和弯体病;投喂含激素和脂肪超标的饲料,易导致养殖鱼类产生脂肪肝和肝中毒。

养殖密度过高或品种搭配不合理,鱼类生存空间紧张,品种之间不能互利共生,水质恶化,导致疾病流行。

拉网操作不细心,机体受伤,创口霉菌寄生,影响鱼类生长,严重时造成死亡。

二、病体检查

1.目检

鱼类因受病原体的感染和侵袭会显现出一定的症状,且病原体不同,显现的症状也不同。因此,肉眼观察鱼病症状,据此来判断鱼病,是鱼病诊断最常用的方法。如病毒性病、细菌性病和小型原虫病等,虽然肉眼看不清病原体,但受其感染和侵袭后,会显现出各自特有的症状。大型寄生虫,如线虫、钩介幼虫、锚头鳋、鲺和绦虫等,肉眼便能看清病原体。目检可从体表、鳃及内脏3个部位按顺序进行。

(1)体表　将发病或刚死的鱼类置于白搪瓷盘中,按顺序从吻部、嘴、眼、鳃盖、鳞和鳍条等仔细观察,体表上一些大型病原体如水霉、线虫、锚头鳋、鲺和钩介幼虫等很容易辨认,但小型病原体如鱼波豆虫、车轮虫、斜管虫和三代虫等,肉眼看不见,可根据表现的症状来判断(进一步诊断需借助于显微镜)。常见的症状有黏液分泌增加、鳃盖微张而不闭合,或鳍条末端腐烂,但鳍条基部一般无充血现象。病毒性病各组织、器官有不同程度的充血、出血现象。细菌性病如赤皮病,则表现鳞片脱落,皮肤充血,烂鳍条。白皮病则病变部位发白,黏液减少,用手触摸有粗糙的感觉。有些症状在几种不同的疾病中基本相似,如鳍基部充血,蛀鳍为赤皮、烂鳃、肠炎所共有的症状,确诊时要仔细寻找典型症状加以区别。

(2)鳃　鳃是鱼类的呼吸器官,是重点检查对象。细菌性烂鳃,鳃丝末端上皮细胞溃烂脱落,鳃上有污泥;病毒性出血病,鳃充血,鳃盖发红;鳃霉病则鳃颜色苍白,并带有红色小点;鱼波豆虫、车轮虫、斜管虫和指环虫等寄生虫病,往往鳃盖张开,鳃片上有许多黏液;中华鳋、双身虫及黏孢子虫等寄生虫病,则鳃丝肿大,鳃上有白色的虫体或孢囊。因此,根据鳃丝、鳃盖是否腐烂、充血,鳃盖是否张开、黏液是否增多等症状,初步可判断鱼病。

(3)内脏　内脏检查以肠道为主,同时检查肝、胆、鳔等器官。用剪刀从肛门处入手,沿腹腔背侧至胸鳍基部打开体腔,先观察是否有腹水和肉眼可见的寄生虫,如线虫、舌状绦虫等;肠道是否充气、积液;再仔细观察肝、胆、鳔等器官外表是否正常,如败血症则肝脏发白;然后再在肠道前、中、后三段各剪开一小段,用剪刀轻刮肠内壁,去掉食物和粪便,检查肠壁是否充血、发炎;是否有肉眼可见的寄生虫,如患球虫病和黏孢子虫病,则肠壁上一般有成片或稀散的小白点。

目检主要以症状为主,要注意各种疾病不同的临床症状,一种疾病在临床上通常有几种不同的症状,如肠炎病,有鳍基部充血、蛀鳍、肛门红肿、肠壁充血等症状;同一种症状,几种疾病均可以出现,如细菌性赤皮、烂鳃、肠炎等病,均能出现体色发黑、鳍基部充血等症状。因此,目检时要认真检查,全面分析,抓住典型症状,综合判断。

2.镜检

镜检是在目检不能确诊疾病的情况下,用显微镜或解剖镜对病原体做进一步的辨认,为确定病因提供准确的依据。镜检的部位和顺序与目检基本相同。

(1)注意事项　用活的或刚死亡的病体检查;保持湿润,待检病体如体表干燥,则寄生虫和细菌会死亡,症状也会模糊不清;打开体腔后,要保持内脏器官的完好无损,有利于观察病灶部位;检查工具要清洁卫生;海水鱼类的检查需用清洁的海水或生理盐水,淡水鱼类的检查需用清洁的淡水或生理盐水;一时无法确定的病原体或病象,要妥善保留好标本。

(2)检查方法

1)玻片压展法　取被检动物器官或组织的一小部分,或一滴黏液,或一滴肠内容物等,置于载玻片上,滴少许清水或生理盐水,用另一载玻片压平,然后置解剖镜或低倍显微镜下观察,辨认病原体。检查后用镊子或解剖针或微吸管取出寄生虫或可疑的病象组织,分别放入盛有清水或生理盐水的培养皿中,以待做进一步的处理。

2)载玻片法　此法适用于低倍或高倍显微镜检查。取要检查的小块组织或小滴内含物置于载玻片上,滴入少许清水或生理盐水,盖上盖玻片,轻轻压平(避免产生空气泡),先置于低倍镜下检查,寻找目标,然后再用高倍镜观察,以确定病原体。如果是细菌引起的疾病,制片时还要染色。

由于镜检只能检查很小的部分组织,为了避免遗漏,每一个病变部位至少要制 3 个片子,检查不同点的组织。

(3)检查步骤

1)黏液　用解剖刀刮取鱼类体表黏液,制成玻片,用显微镜或解剖镜检查,可发现鱼波豆虫、隐鞭虫、黏孢子虫、小瓜虫、车轮虫及吸虫囊蚴等病原体。

2)鼻腔　用镊子或微吸管从鼻腔内取少许内含物,置显微镜下检查,可发现黏孢子虫、车轮虫等原生动物。然后用吸管吸取少许清水注入鼻孔中,再将液体吸出,置于培养皿中,用低倍显微镜或解剖镜观察,可发现指环虫、鳋等。

3)血液　从鳃动脉或心脏取血。如从鳃动脉取血,先剪去一侧鳃盖,然后左手用镊子将鳃瓣掀起,右手用微吸管插入鳃动脉或腹大动脉吸取血液。吸起的少许血液可直接放在载玻片上,盖上盖玻片,在显微镜下检查;吸起较多的血液,可放入培养皿内,然后再取一小滴制成玻片,在显微镜下检查。如从心脏取血,除去鱼体腹面两侧鳃盖之间最狭处的鳞片,用尖的微吸管插入心脏,吸取血液。血液镜检可发现锥体虫、拟锥体虫等原生动物。培养皿内的血液用生理盐水稀释后,在解剖镜下检查,可发现线虫和血居吸虫。

4）鳃　取小块鳃组织制成玻片，在显微镜下检查，可发现鳃隐鞭虫、波豆虫、车轮虫、黏孢子虫、肤孢虫、斜管虫、小瓜虫子、半眉虫、杯体虫、毛管虫、指环虫、双身虫和复殖吸虫囊蚴等寄生性病原体；微生物病原体有细菌、水霉和鳃霉等。

5）体腔　打开体腔，发现有白点，用解剖镜或显微镜检查，可发现黏孢子虫、微孢子虫、绦虫等成虫和囊蚴。

6）脂肪组织　脂肪组织如发现白点，压片镜检，可发现黏孢子虫。

7）胃肠　将肠分前、中、后三段，分别取胃肠内含物一小滴置于载玻片上，滴一小滴生理盐水，压片镜检，可发现鞭毛虫、变形虫、黏孢子虫、微孢子虫、球虫和纤毛虫等原生动物。六鞭毛虫、变形虫和肠袋虫等一般寄生在后肠近肛门3～7厘米处，而复殖吸虫、绦虫、线虫和棘头虫等通常在胃、前肠或中肠寄生。

8）肝　剪开肝叶，用载玻片蘸切口内含物，再用瑞氏染色法染色，油镜下可观察到细菌；取肝少许组织，压片镜检可发现黏孢子虫、微孢子虫的孢子和孢囊。

9）脾　镜检脾脏少许组织，往往可发现黏孢子虫或孢囊，有时可发现吸虫的囊蚴。

10）胆囊　胆囊壁和胆汁，除用载玻片法在显微镜下检查外，还要用压展法或放在培养皿里用解剖镜或低倍显微镜检查。胆囊内可发现六鞭毛虫、黏孢子虫、微孢子虫、复殖吸虫和绦虫幼虫等。

11）心脏　取一滴内含物，在显微镜下检查，可发现锥体虫、拟锥体虫和黏孢子虫。

12）鳔　用载玻片法和压片法同时检查，可发现复殖吸虫、线虫、黏孢子虫及其孢囊。

13）肾　取肾应当完整，如肾很大，则前、中、后三段分别检查，可发现黏孢子虫、球虫、微孢子虫、复殖吸虫和线虫等。

14）膀胱　用载玻片法和压展法同时检查，可发现六鞭毛虫、黏孢子虫和复殖吸虫等。

15）性腺　取左右性腺，先用肉眼观察外表，常可发现黏孢子虫、微孢子虫、复殖吸虫囊蚴、绦虫的双槽蚴和线虫等。

16）眼　用弯头镊取出眼睛，放于玻片上，剖开巩膜，释出玻璃体和水晶体，在低倍显微镜下或解剖镜下检查，可发现吸虫的幼虫和黏孢子虫。

17）脑　取脑组织少许，镜检可发现黏孢子虫和复殖吸虫的孢囊或尾蚴。

18）脊髓　把头部与躯干部交接处的脊椎骨剪断，再把尾部与躯干部交接处的脊椎骨也剪断，用镊子从前端的断口插入脊髓腔，把脊髓夹住，慢慢把脊髓整条拉出来，分前、中、后三段检查，可发现复殖吸虫的幼虫和黏孢子虫。

19）肌肉　剥去皮肤，分前、中、后取小片肌肉组织，用玻片法和压展法检查，可发现黏孢子虫、复殖吸虫、绦虫和线虫等幼虫。

三、诊断

诊断一般包括病原体的分离鉴定、免疫诊断、分子生物学诊断技术等，需在实验室内进行。

第三节　鱼病的预防

疾病预防是鱼类养殖工作中的重要环节，是提高鱼类养殖产量及经济效益的根本保证。多年来的实践证明，只有贯彻"全面预防、积极治疗"的方针，采取"无病先防、有病早治"的原则，才能减少或避免疾病的发生，这是由鱼病的特点所决定的。首先，鱼类生活在水中，平时难以观察，一旦生病，很难对其进行及时和正确的诊断，当发现动物机体开始死亡时，病情已非常严重。其次，在针对鱼病治疗时，给药困难。在生产中通常采用的全池泼洒法和口服法等都是对养殖鱼类群体用药，而不是针对生病个体用药，因此效果较差。另外，鱼类患病后，大多食欲减退或失去食欲，更难通过口服药物治疗，即使使用外用药物，较大水体也很难实施。因此，在鱼病防制工作中,必须坚持以防为主,积极开展健康养殖。注意控制和消灭病原,通过免疫预防和生物预防等综合措施,减少或避免疾病的发生。

一、健康养殖

健康养殖是指根据养殖对象正常活动、生长,繁殖所需的生理、生态要求,选择科学的养殖模式,将养殖动物通过系统的规范化管理技术,使其在人为控制生态环境下健康、快速生长。现行的水产养殖技术多从追求产量和经济效益出发,结果非但达不到所追求的高产、高效,反而造成了自身养殖环境的恶化和疾病的流行,影响了养殖产量和经济效益,同时还对自然环境产生了不良的影响。可持续性的健康养殖应当是健康的苗种培育、放养密度合理、投入和产量水平适中,通过养殖系统内部的废弃物的循环再利用,达到对各种资源的最佳利用,最大限度地减少养殖过程中废弃物的产生,避免疾病的流行。在取得理想的养殖效果和经济效益的同时,达到最佳的环境生态效益。

1. 养殖设施

养殖设施是开展健康养殖的重要物质基础。养殖设施的结构和设计,在很大程度上影响水产养殖效果和环境生态效益。我国的水产养殖设施,尤其是作为最主要养殖方式的池塘,基本上沿袭了传统养殖方式中的结构和布局,仅具有提供养殖动物生长空间和基本的进排水功能,有的甚至连基本的进、排水系统也不具备。因此,难以对池水进行有效的调控。富含各种营养盐类及其他废弃物的池水大多直接排入天然水体,对环境产生不良影响,同时很容易造成疾病的传播。要开展健康养殖,必须对现行的养殖设施结构进行改造,逐步引导水产养殖产业向设施渔业方向发展。养殖池塘除具有提供养殖动物生长、生活空间和基本的进、排水系统外,还应具有较强的水质调控和净化功能,使养殖用水能够内部循环使用。这种养殖设施既能极大地改善养殖效果,同时又能够减少对水资源的消耗,对水环境的不良影响,减少疾病的发生和传播,真正做到健康养殖。

2. 健康苗种的培育

进行抗病、抗逆养殖新品种的选育是开展健康养殖的关键。我国是水产养殖大国,养殖的水产动物上百种。目前我国苗种培育技术不稳定,生产工艺落后,主要养殖种类绝大多数都没有经过人工选育和品种改良,遗传基础还是野生型的,其生长速度、抗逆能力乃至品质都急需经过系统的人工育种而加以改进。这与农业和畜牧业中产量和质量及抗逆能力的提高,在很大程度上依靠品种的更新和改良有很大的差距。品种问题已成为制约我国水产养殖业稳定、健康和持续发展的瓶颈问题之一。此外,我国多数的育苗场设施和设备比较落后,苗种培育期间各种要素的可控程度差,一旦发生变故,实施应急措施的能力受到极大的限制,也制约了新技术的开发和利用,从而影响苗种的质量和数量。因此,建立设施和设备较为先进的育苗场和积极开展抗病、抗逆养殖品种的选育是健康养殖的当务之急。

具有较强的抗病害及抵御不良环境能力的养殖品种,不但能减少病害的发生,降低养殖风险,增加养殖效益,同时也可以避免大量用药对水体可能造成的危害以及对人类健康的影响。如对虾无特定病原群体的选育,为减轻对虾暴发性流行病的危害起到了重要作用。因此,研究开发抗病、抗逆养殖品种,对于健康养殖的可持续发展具有重大的意义。目前,水产养殖抗病、抗逆品种的研究还处于起步阶段,要取得突破性进展,必须依靠现代生物技术与遗传育种技术的结合。

3. 健康的管理

健康管理是在特定养殖方式下,根据养殖鱼类的不同生长阶段和生产管理的特点,采用合理的养殖技术和养殖模式,并对水质进行合理的管理和技术调控,维持良好的养殖生态环境,控制病害的发生。具体的管理措施和技术有很多,这里主要介绍4个方面的问题:

(1)合理放养　各种水环境对水产养殖动物均具有一定的容量,应根据不同养殖品种及生长阶段,确定合理的放养密度。同时,根据不同的养殖模式和各种养殖动物与水中其他生物之间的关系,合理搭配放养其他品种养殖动物。在合理放养的条件下,能够提高单位水体的养殖产量和经济效益,保持生态平衡,保持有益生物的优势地位,抑制有害生物的生长,有利于改善水体环境条件,预防疾病的发生。

（2）合理投喂　开展健康养殖,保持水产养殖的可持续发展,饲料投饲技术非常关键。首先,应加强养殖品种摄食行为学的研究,应用摄食生态、摄食行为的特性,提高投饲的科学性。根据不同鱼类的摄食习性,提高饲料的利用率,减少对水体环境的污染。其次,还要大力研究和推广应用先进的饲料投喂技术,如计算机控制的饲料投喂技术、自动投喂技术等。保证鱼类生长需要,尽量减少饲料的浪费和对养殖环境的污染。饵料的质量和投喂的方式,不但是保证水产养殖动物正常生长、生活,获得较高的产量和质量的重要措施,也是增强水产养殖动物对疾病抵抗力的重要措施。应根据不同养殖品种,选择能完全满足水产养殖动物各阶段所需营养物质,适口及营养适宜的饵料,满足其生长、生活的需求,提高其对疾病的抵抗力。营养不全面或营养成分配合不当,将导致营养缺乏症或使养殖动物生理机能下降,从而导致对环境变化或对疾病的抵抗力下降。投喂腐败变质的食物,可直接引起养殖动物生病,甚至死亡。合理投喂就是要坚持"四定"投饵原则,即定时、定位、定质、定量,保证饵料营养全面,适口性好,不含病原体及有毒或有害物质。根据不同养殖动物的不同阶段,投喂适量的饵料,并在一定的环境条件下,适当地做出调整,勿使鱼类摄食过饱或摄食不足。

（3）水质调节　水体是鱼类生长和生活的空间,是其氧气和营养物质的来源,也是鱼类排泄物的载体,同时水中还生活着许多其他生物。因此,水环境的变化对养殖鱼类生长和生活有很大的影响。各种养殖鱼类对水质的理化指标均有一定的要求,这些理化指标包括水温,pH,溶氧量,盐度,氨、氮浓度,亚硝态氮和硫化氢等。在养殖过程中应定期检测水质的理化指标,发现超标,应及时采取措施,尽力控制这些理化指标在养殖鱼类生长和生活的适宜范围内。另外,养殖环境中的生物,尤其是浮游植物与浮游动物是保持水体生态环境的重要生物,应将其种类及数量保持在一定的水平,以保持稳定的生态环境。养殖者应每天观察水色及透明度变化情况,若水色及透明度变动较大,可采取换水、施肥或使用某些化学药物进行调节。

（4）日常管理　日常管理的内容较多,除日常投喂饵料外,还应做好以下几方面的工作:①定时巡池,观察养殖鱼类的活动及摄食情况,密切注意池水的变动,以便发现问题及时处理。②及时清除养殖鱼类的粪便、残饵及鱼的尸体,清除杂草、螺等有害生物,防止病原体的繁殖和传播。③定期排污和换水,保持水质清新。④定期检测养殖水体的理化指标,做好应急措施的准备。⑤定期对养殖鱼类进行病原体抽样检查,早发现疾病,及早治疗。

日常管理的工作,需持之以恒地贯穿于整个养殖过程当中,切不可掉以轻心。另外,在捕捞、运输、放养和筛选等操作中应小心仔细,避免养殖鱼类受伤,或使养殖鱼类产生应激反应,保持机体正常的生理状态,防止由于机体损伤或产生应激反应后,使养殖对象对病原体的抵抗力下降。

二、控制和消灭病原体

通过传染或侵袭途径引起养殖鱼类生病的生物体称之为病原体。控制和消灭病原体,是预防鱼病发生的最为有效的措施。在养殖生产中,采取有效措施,控制或消灭病原体,可减少或避免疾病的发生。

1. 水源的选择

鱼儿离不开水,水源条件的优劣,直接影响水产动物的养殖和养殖过程中病害的发生。因此,在建设养殖场时,首先,应对水源进行周密的调查,选择水源充足,没有污染的水作为养殖用水,且水的理化指标应适宜于养殖品种。养殖场在建设时,每个养殖池的进、排水系统应完全独立,且进水孔应远离排水孔。当水源不足时,应建蓄水池。在封闭式和半封闭式工厂化养殖场,应有完善的水质净化和处理设备,对排出的水经过净化和消毒,确保没有病原体时方可循环使用。

2. 彻底清池消毒

池塘是水产动物生活栖息的场所,同时也是各种病原体的滋生地,池塘环境的优劣,直接影响鱼类的生长和健康。因此,在投放养殖动物前,一定要对池塘进行清池消毒,清除过多的淤泥和污物,并用药物杀死病原体。最为有效和常用的清池药物是生石灰和漂白粉,水泥池也可用高锰酸钾消毒。

（1）生石灰清池　生石灰清池的方法有干池法和带水清池法两种。

1）干池法　将池水排除，在池底留有 5~10 厘米深的水，并在池底挖几个小潭，将生石灰放入潭中，待生石灰溶化后向四周均匀泼洒，用量为 0.1~0.2 千克/米²。

2）带水清池法　将生石灰在水中溶化后全池均匀泼洒。带水清池可避免清池后加水时又将病原体及有害生物随水带入池中，效果较好，更适合于水源较缺乏的养殖池。带水清池法，生石灰的用量较大，一般水深 1 米，用量为 0.3~0.5 千克/米²。清池后 7~10 天，药性消失后即可放入养殖动物。生石灰清池不仅可杀灭病原体和有害生物，还具有改良池塘环境和增肥的作用。

（2）漂白粉清池　用适量的水将漂白粉充分溶解后，全池均匀泼洒。干池法每 100 米² 用量为 2~3 千克。带水清池每 100 米² 用量为 3~5 千克。清池后 4~5 天药性消失，即可放入养殖动物。漂白粉杀灭病原体和有害生物的效果与生石灰相似，而且有用药量少、药性消失快等优点，但没有改良水质和增肥的效果。

3. 强化检疫及隔离

目前国际和国内各地区间水产动物的移植或交换日趋频繁，为防止病原体随水产动物的移植或交换而相互传播，必须对其严格的检疫。对养殖动物检疫，能了解病原体的种类、区系及其对养殖动物的危害、流行情况等，以便及时采取相应措施，杜绝病原体的传播和疾病的流行。水产养殖动物的苗种及成品的流动范围较为广泛，容易造成病原体的扩散和疾病的流行。因此，在养殖动物的输入或输出时应认真进行检疫。

在养殖场内部，当有养殖动物生病时，首先应采取隔离措施，对发病池或养殖区域封闭，池内养殖动物不向其他池塘或地区转移，避免疾病的传播。发病池使用的工具应专用，且应及时消毒。病死动物的尸体应及时捞出，并对其进行销毁或深埋。发病池的进、排水都应进行消毒。

4. 药物预防

药物具有防病治病作用或改良水环境作用，但药物也有毒副作用,药物的频繁使用或随意加大用药量,可导致病原体产生抗药性,对养殖动物产生毒害和刺激作用,并且对养殖水环境产生极为不利的影响。因此,在药物预防中,且不可滥用药和超量用药,应根据养殖环境、条件、养殖鱼类的品种和病原体的不同,选择合适的药物和用药方法进行药物预防。常用的药物预防方法有以下几种:

(1)机体消毒　为切断疾病的传播途径,避免将病原体带入养殖水域,在养殖动物放养或分塘换池时,对其进行消毒。消毒一般采用浸洗法,在对养殖动物体进行消毒前,应认真做好病原体的检查工作,根据病原体的不同种类,选择适当的药物进行消毒处理,以期取得较好的效果。机体消毒对较大的养殖水域和网箱养殖更为重要。

(2)饵料消毒　投喂清洁、新鲜、不带病原体的饵料,一般不用消毒。必要时可将水草放在浓度为 6 毫克/千克的漂白粉溶液中浸泡 20～30 分后再投喂。卤虫卵可用浓度为 300 毫克/千克的漂白粉溶液浸泡消毒,淘洗至无氯味时(或用浓度为 30 毫克/千克硫代硫酸钠去氯后)再进行孵化。动物性饵料需冷冻后再投喂。

(3)工具消毒　养殖用的各种工具,往往成为传播疾病的媒介。因此,在发病池使用过的工具,未经消毒处理,不能直接用于其他池塘,以避免疾病从一个池塘传到另一个池塘。一般网具可用浓度为 20 毫克/千克的硫酸铜溶液或浓度为 50 毫克/千克的高锰酸钾溶液、浓度为 100 毫克/千克的福尔马林溶液、浓度为 5% 的食盐水等浸泡 30 分。木制或塑料制品的工具,可用 5% 的漂白粉溶液消毒,洗净后方可使用。较大型的养殖工具在阳光下暴晒即可。

(4)食场消毒　食场内常有饵料残留,腐败后为病原体的繁殖提供了条件。因此,除注意投饵量适当外,每天应及时捞出残留饵料,清洗食场和食台。在疾病的流行季节,应定期在食场周围泼洒漂白粉、硫酸铜和敌百虫等药物,也可以在食场上挂篓或挂袋。用量要根据食场的大小、水深、水质及水温而定,以养殖鱼类不对药物产生回避反应为宜。

(5)水体消毒　在疾病的流行季节,要定期向养殖水体中施放药物,以杀灭水体中及鱼体上或鳃上的病原体,通常采用全池泼洒法。如定期在养殖池塘中泼洒漂白粉 1 毫克/千克或生石灰 20～30

毫克/千克,预防细菌性疾病。定期泼洒硫酸铜 0.7 毫克/千克和敌百虫 0.3~0.5 毫克/千克,预防寄生虫病的发生。另外,可以将中草药扎成小捆,放在水中沤水,待药物成分释放出来后,也可杀死病原体,预防疾病的发生。如乌桕叶沤水可预防细菌性烂鳃病,苦楝树枝叶沤水可预防车轮虫病。在进行水体消毒时,应根据养殖环境、养殖对象和疾病流行情况的不同,来确定用药的时间和施药的种类,切不可滥用药物。

(6)定期口服药物　体内预防的疾病一般采用口服药物法。定期让养殖鱼类口服一定的药物,可以有效地预防疾病的发生。由于不能强迫养殖鱼类主动吃药,因而只能将药物拌入饵料中制成药饵投喂。用药的种类根据养殖对象、疾病的种类和流行规律的不同而选择不同的药物,一般是在疾病的流行期前或流行高峰期,针对性地投喂一些抗病原体或提高养殖动物生理机能的药物来预防疾病的发生。如一些对病原体敏感的抗生素、维生素和中草药等。应尽量多用中草药,避免产生抗药性和影响养殖水环境。一般要求每半个月口服 1 次,几种药物交替使用为好。

5.控制或消灭其他有害生物

有些病原体的生活史较为复杂,其寄主可能有几个,鱼类仅是其中的一个,控制或消灭其他的寄主,切断生活史,也可控制病原体的繁殖,预防疾病的发生。如清除螺类、驱赶水鸟、控制猫和狗等。

三、免疫预防

鱼类与其他动物一样,在长期的进化和不断地同病原体做斗争的过程中,自身形成了若干有效的防御机制。当病原体入侵动物机体时,其自身的防御机制产生一系列的生理反应。这些反应包括:阻止病原体的入侵;阻止入侵者的生长繁殖;控制其传播,解除病原体的毒害作用;修复机体的损伤。鱼类的这种对病原体的抵抗力,也就是免疫力。免疫与感染是相对的,两者处于动态平衡中,一旦病原体与机体的平衡遭到破坏,机体就会受到病原体的袭击而被感染,出现症状并发生疾病。我们可以利用免疫学的知识,提高鱼类的免疫力,以预防疾病的发生。目前,免疫学在鱼病控制上的应用,正在迅速发展。但与免疫学在其他方面的应用相比,仍有很大的差距,这与鱼类免疫的特点有关:鱼类的病原体与人或其他养殖动物的病原体不同,有许多属于条件致病菌,且水体中病原体的种类较多;鱼类是变温动物,其非特异性免疫与特异性免疫机制受外界环境变化的影响较大;鱼类抗体分子与人或其他动物疾病中最为有效的已知抗体不同;鱼类疫苗有效的给予途径存在较多困难等。虽然有诸多的不利影响,但随着养殖设施的完善,养殖条件和养殖技术的提高,特别是健康养殖和清洁生产的开展,免疫学在鱼类养殖上的应用越来越被人们所重视。

1. 人工免疫

人工自动免疫是将人工制成的疫苗、菌苗、瘤苗、类毒素或细胞免疫制剂等,接种到鱼体上,使鱼类自身产生对相应疾病的防御能力。用病原菌制成的抗原制剂称为菌苗。用病毒、立克次体制成的抗原制剂称为疫苗,有的将两种通称为疫苗。用肿瘤组织制成的抗原制剂称为瘤苗。细菌的外毒素经 $0.3\%\sim0.4\%$ 的福尔马林处理后,毒性消失而免疫原性仍然保留,即为类毒素。细胞免疫制剂有干扰素和转移因子等。由于鱼类与其他脊椎动物相似,受抗原刺激可以产生特异性的细胞免疫和体液免疫,因此,对鱼类的免疫研究的较多。

(1)疫苗的种类 自从 Duff(1942)研制成功预防硬头鳟的疖疮病的疫苗以后,国内外已陆续研制成功一批渔用疫苗,绝大部分是由生物制品厂生产商品化疫苗。

1)鱼类病毒病疫苗 ①传染性胰脏坏死病的灭活疫苗、减毒疫苗、多肽疫苗和基因工程疫苗。②传染性造血组织坏死病的灭活疫苗、减毒疫苗和基因工程疫苗。③斑点叉尾鮰疱疹病毒病的减毒疫苗和灭活疫苗。④病毒性出血症的灭活疫苗和减毒疫苗。⑤鲤春病毒血症的减毒疫苗。⑥草鱼出血病的组织浆疫苗、灭活疫苗和弱毒疫苗。

2)鱼类细菌疫苗 ①鲑、鳟、鳗鲡、鲤等鱼类类结疖病的灭鲑产气单孢菌灭活全菌苗、菌体成分苗和减毒疫苗等。②鲑、鳟、鳗鲡、鲤、香鱼、罗非鱼等鱼类的弧菌病的鳗弧菌单价、多价灭活全菌苗和菌体成分苗(脂多糖)。③淡水鱼类的细菌性败血病的嗜水气单孢菌灭活全菌苗、菌体成分苗和弱毒菌苗。④鲑、鳟鱼类红嘴病的鲁克耶尔森菌灭活全菌苗。⑤鳗鲡、斑点叉尾鮰的爱德华菌病的迟钝爱德华菌灭活全菌苗、菌体成分苗。⑥草鱼、鲤、鳜等鱼类细菌性烂鳃病的柱状嗜纤维菌灭活全菌苗、菌体成分苗。⑦草鱼细菌性烂鳃、肠炎、赤皮病的组织浆疫苗(又称土法疫苗)。

3)土法疫苗的制备　取患有典型症状病鱼的肝、脾、肾等病变组织,用清水冲洗后称重,用研钵磨碎,加5~10倍的生理盐水,成匀浆后用两层纱布过滤,取滤液。将滤液经60~65℃恒温水浴灭活2小时后,加入福尔马林使其最终浓度为0.5%,封口后,置4℃冰箱中保存。做安全及效力试验后即可使用。

4)鱼类寄生虫病疫苗　预防各种淡水鱼类小瓜虫病的多子小瓜虫灭活全虫疫苗和虫体成分苗。

(2)疫苗接种的方法　鱼类免疫预防成败的关键是如何将疫苗接种到养殖动物体内。通常采用的接种方法有注射法、口服法、浸泡法和喷雾法等。

1)注射法　将定量的疫苗直接接种到养殖动物的体内,因此免疫效果较稳定,而且疫苗的用量较少,但此法也存在操作不便、容易损伤受免疫的养殖动物,在养殖生产中实施注射法有一定的困难。

2)口服法　具有操作简便、对受免疫的动物造成的应急性刺激较小等优点。但是,此法接种的疫苗进入水产动物的消化道后,可能受消化作用的影响而失去其免疫原性,而且需要的疫苗量较大。已有试验结果表明,口服法接种能否成功,关键在于能否制备出一种在水产动物消化道内容易吸收,而其免疫原性又不被破坏的疫苗。

3)浸泡法　此法是迄今为止对鱼类免疫接种中应用最为成功的一种方法,具有操作简便、对受免疫动物的应急性刺激比注射法小和疫苗用量较口服法少的优点。目前,已进入商品化生产的渔用疫苗大多采用了浸泡接种的途径。浸泡法接种分高渗浸泡法和直接浸泡法两种。①高渗浸泡法,是先将受免动物放入高渗溶液中浸泡处理,然后再放入疫苗液中浸泡。②直接浸泡法,是不经高渗处理,而直接将受免动物放入疫苗液中浸泡的方法。现在,人们采用浸泡法接种时,几乎都是采用直接浸泡法。

4)喷雾法　疫苗进入受免动物的途径和机体产生免疫应答的机制与浸泡法相似,但与浸泡法相比,还需要一定的接种设施方能进行。因此,这种方法在实践中较少使用。

2.免疫激活剂的应用

免疫激活剂根据其功能的不同可分为两大类:一类是能增强鱼类的特异性免疫机能,一类是能增强由疫苗诱导的特异性免疫机能(又称为佐剂作用)。目前,研究较多的是前者。免疫激活剂的种类较多,已证实对鱼类具有免疫激活作用的种类主要有福氏完全佐剂、植物血凝素、葡聚糖、左旋咪唑、壳质素、维生素 C、生长激素和催乳素、FK – 565(由从橄榄灰链霉素菌的培养液中分离的 EK – 156 合成的物质)、EF – 203(利用微生物对鸡蛋清发酵而获得的物质)、ETE 和 HD(从海产无脊椎动物中分离的具有杀菌和抗肿瘤作用的物质)等。免疫激活剂可以激活鱼类的非特异性免疫机能,在鱼病预防中,适当地利用免疫激活剂,通过激活鱼体自身的非特异性免疫潜能,具有重要的现实意义。

四、生物预防

1.微生态制剂的种类

微生态制剂又称微生态调节剂,是一类根据微生态学原理而制成的含有大量有益菌及其代谢产物的活菌剂。具有维持生态环境的微生态平衡、调节动物体内微生态失调和提高健康水平的功能。目前,在我国应用的微生态制剂其菌种主要有以下几种:

(1)光合细菌　光合细菌是目前在水产上应用比较成熟的一种微生态活菌剂,是一类有光合作用能力的异养微生物。主要是红螺菌科、硫螺菌科、绿曲菌科和绿菌科中的菌种。光合细菌主要利用小分子有机物而非二氧化碳合成自身生长繁殖所需要的各种养分。光合细菌具有光合色素,呈现淡粉红色,它能在厌氧和光照的条件下,利用化合物中的氢并进行不产生氧的光合作用,将有机质或硫化氢等物质加以吸收利用,把硫化氢转化为无害的物质,使好氧的异养微生物因缺乏营养而转为弱势,同时使水质得以净化。但光合细菌不能氧化大分子物质,对有机物污染严重的底泥作用则不明显。

(2)芽孢杆菌制剂 芽孢杆菌是一类需氧的非致病菌,具有耐酸、耐盐、耐高温和耐高压的特点,是一类较为稳定的有益微生物。目前,应用的主要以枯草芽孢杆菌、地衣芽孢杆菌、蜡样芽孢杆菌及巨大芽孢杆菌为主。芽孢杆菌具有芽孢,以其芽孢的形式存在于动物肠道的微生物群落中,能使空肠内的 pH 下降,氨浓度降低,促进淀粉、纤维素和蛋白质的分解。

(3)硝化细菌 硝化细菌是一种好氧细菌,属于绝对自营性微生物,包括两个完全不同的代谢群:一个是亚硝酸菌属,在水中将氨氧化成亚硝酸,通常被称为"氨的氧化者",其所维持生命的食物来源是氨;另一个是硝酸菌属,将亚硝酸分子氧化成硝酸分子。硝化细菌在中性、弱碱性、含氧量高的情况下发挥效果最佳,可以将对水产养殖动物有毒害作用的氨和亚硝酸转化为无毒害作用的硝酸分子,成为浮游植物的营养盐。

(4)酵母菌 酵母菌是喜生长于偏酸环境的需氧菌,在肠道内大量繁殖。它是维生素和蛋白质的来源,可以增加消化酶的活性,并能增加非特异性免疫系统的活性。酵母菌的致死温度为 50～60℃,配合饲料制粒时的温度可以将其杀死。

此外,还有反硝化细菌、硫化细菌等一系列菌种,需要指出的是,目前市场上销售的微生态制剂除光合细菌、芽孢杆菌外,大多为复合菌剂,即采用上述菌种中的几种混合而成。也有一些厂家生产的微生态制剂采用的是经过基因改造的工程菌。目前,在水产养殖上作为环境修复剂应用较多的是光合细菌和芽孢杆菌。

2. 生物预防的作用

(1)拮抗与免疫激活作用 有益微生物能通过竞争作用调节宿主体内菌群结构,包括竞争黏附位点、对化学物质或可利用能源的争夺以及对铁的争夺。有的有益微生物在生长过程中产生抑菌物质,如乳酸菌产生乳酸、乳酸菌素和过氧化氢等,对病原微生物具有抑制作用。有的有益微生物具有免疫激活作用,是良好的免疫激活剂,能增强养殖动物的非特异性免疫的活性。还有的能防止有毒物质的积累,从而保护机体不受毒害。

（2）微生态的平衡作用　健康动物体内的微生态平衡会由于病原体的入侵、环境因素的变化等原因而被破坏,如果破坏程度超出了养殖动物的适应能力,会使养殖动物的免疫力下降,导致营养和生长障碍以及疾病的发生。这时,补给适当有益微生物,会及时使微生态环境得到修补,让动物恢复健康状态。一些需氧菌制剂,特别是芽孢杆菌可以消耗肠道内的氧气,造成厌氧环境,有助于厌氧微生物的生长,从而使失调的菌群平衡,恢复到正常状态。

（3）促生长作用　饲用有益微生物不仅能提高对病原菌的抵抗力,预防疾病的发生.而且具有促进其生长的作用。作为饵料添加剂的许多有益微生物,其菌体本身含有大量的营养物质,同时随着它们在动物消化道内的繁殖、代谢,可产生动物生长所需要的营养物质,还可产生消化酶类,协助鱼类消化饵料,提高饵料的转化率。

（4）水质调节作用　光合细菌具有独特的光合作用能力,能直接消耗利用养殖水体中的有机物、氨态氮,还可利用硫化氢,并可通过反硝化作用除去水中的亚硝态氮,从而改善水质。有益微生物进入养殖池后,可以参加水体最基础的物质循环,把有机物降解为硝酸盐、磷酸盐和二氧化碳等,为单细胞藻类的生长繁殖提供营养;而单细胞藻类的光合作用又为有机物的氧化分解,微生物及养殖动物的呼吸提供溶解氧,构成一个良性生态循环。

3. 生物预防的应用前景

生物预防虽然发明的时间很长,但被大规模地应用到水产养殖业上,却是近年来的事情。国内目前主要在高密度集约化养殖中应用较多,池塘养殖中主要应用在对虾养殖。由于微生物产品的特殊性和养殖条件的复杂多样性,使得生物预防的应用效果存在一定的不稳定性。随着菌种筛选技术、产品加工工艺的不断完善,生物预防的应用会逐步得到更多人的认可。更为重要的是,生物预防在改善水产动物的品质方面具有抗生素、消毒剂等化学药剂无法比拟的优势。如今,全球都在提倡健康养殖,这给生物预防在水产养殖上的广泛应用提供了难得的契机。

第二章　渔药安全应用基础知识

　　渔药是指为提高渔业产量,用以预防、控制和治疗鱼类的病、虫、害,促进鱼类健康生长,增强机体抗病能力以及改善养殖水体质量所使用的一切物质。渔药是防制鱼病的主要途径,合理消毒、安全施药可以减少或控制鱼病的发生和蔓延。

第一节　药物的作用

一、药物的基本作用

药物的作用是指药物对机体和病原体的双重作用,药物对机体机能活动的影响是药物的基本作用,使机体机能活动增强的为兴奋作用,使机体机能活动减弱的为抑制作用。无论是兴奋作用或是抑制作用都只影响机体原有的机能活动,而不能使机体产生新的机能活动。

药物基本作用类型有:药物使机体机能从低于正常水平增至正常水平称之强壮作用;药物使机体机能从低于正常水平或正常水平增至超过正常水平为兴奋作用;药物使机体机能从高于正常水平降至正常水平为镇静作用;药物使机体机能从高于正常水平或正常水平降至低于正常水平为抑制作用;药物使机体活力全部停止,而不易恢复为麻痹作用;药物使神经系统部分或大部分停止,经一定时间后可以完全恢复为麻醉作用。

二、药物的作用方式

药物的作用方式很多,从不同的角度可分为以下4种相应方式:

1. 局部作用和吸收作用

按药物发生作用时,药物是否停留在用药部位和是否被吸收到机体,分局部作用和吸收作用。

(1)局部作用　药物停留在用药部位所发生的作用,称为局部作用。如外用消毒药对鱼体皮肤的消毒作用,杀虫药能杀灭鱼体外的寄生虫等。局部作用不仅表现在体表,也可表现在体内。通常驱虫药,如咪唑类药物是麻醉肠道寄生虫肌肉,使之无法附着在寄主肠壁上,而随寄主粪便排出体外。

(2)吸收作用　药物吸收到机体并进入体液循环后所发生的作用,称为吸收作用。如磺胺类药物治疗赤皮病,土霉素治疗对虾瞎眼病。

2.直接作用和间接作用

按发生机制,药物作用可分为直接作用和间接作用两种。

(1)直接作用　药物作用所接触的部位对药物所发生的反应,称为直接作用。如碘酒直接在涂抹的部位发生作用。

(2)间接作用　由直接作用所引起而发生在其他部位的反应,称为间接作用。如亚甲蓝,它既具有抗菌杀虫作用(直接作用),又具有促进红细胞生长、解救氰化物和亚硝酸盐等中毒及服用磺胺类药物等引起的高铁血红蛋白症的作用(间接作用)。

3.选择作用和普遍细胞作用

(1)选择作用　药物进入机体后对组织器官的作用强度不一,对某些组织器官的作用特别明显,称为选择作用。如青霉素能阻止细菌细胞壁的合成,磺胺类药物能抑制二氢叶酸合成酶,因而能抑制细菌的生长和繁殖。药物的选择作用是相对的,因为当所用药物浓度增加时,无疑将对机体的其他部位也发生作用。药物的选择性有高有低。多数选择性高的药物,使用时针对性强;选择性低的药物,作用范围广,应用时副作用常较多。

(2)普遍细胞作用　药物与接触的组织器官都有类似的作用,称为普遍细胞作用。如硫酸铜能与一切生活组织所必需的含巯基的酶结合,而破坏其机能;漂白粉能对细菌、病毒、寄生虫等原浆蛋白产生氯化和氧化作用。

4.协同作用和拮抗作用

(1)协同作用　当两种以上药物合并使用时,其作用因互相协助而增强,称为协同作用。如硫酸亚铁与硫酸铜合用,可增加主效药的通渗性,从而提高硫酸铜药效;大黄与氨水合用,可使大黄的药效增加4倍;乌桕与生石灰合用,可使乌桕药效增加32倍。

(2)拮抗作用　当两种以上药物合并使用时,其作用因相互抵消而减弱,称为拮抗作用。如敌百虫与碱性药物合用时,先脱去一个氯化氢,成为毒性很强的敌敌畏,如果再继续水解,再脱去一个氯化氢便无效了。拮抗作用常用于解除某一药物的毒性反应。如敌百虫等有机磷中毒,可用阿托品来缓解。

三、药物的作用效果

药物的作用效果包括防制作用与不良反应。

1. 防制作用

(1)预防作用　能阻止、抵抗病原体侵入或促使机体产生相应抗体,以预防疾病发生的作用,称为预防作用。如打预防针、接种疫苗和吃糖丸等。

(2)治疗作用　药物有减轻或治愈疾病的作用,称为治疗作用。如含氯消毒剂,不但可以治疗鱼病,消除病因,而且还可以用于预防疾病和改良水质环境。

2. 不良反应

对防制疾病无益,且还有害,严重时甚至可导致机体死亡的反应,称为不良反应。包括副作用、毒性作用、变态反应和继发性反应等。

(1)副作用　在治疗剂量下产生与治疗目的无关的作用。为药物所固有,一般反应轻微,能适应,停药后可自行消失。副作用是药物选择性低的结果。

(2)毒性作用　剂量过大或用药时间过长后,药物引起机体生理、生化或组织结构的病理变化,分为急性毒性、慢性毒性、特殊毒性(致畸、致癌、致突变)等。

(3)过敏反应　包括高敏性(小于常用量的药物能引起与中毒相同的反应)与变态反应(少数动物对某些药物出现一些与众不同的病理反应),属免疫反应范畴,与剂量无关。

(4)继发反应　继发于治疗作用后出现的不良反应。如二重感染和 B 族维生素、维生素 K 缺乏(大量使用广谱抗生素后)。

第二节　渔药的剂型

　　水产药物学是一门很年轻的学科,渔用药物是随着水产养殖业的发展及鱼病学研究和疾病防制的研究而发展起来的。目前国内外用于水产养殖动、植物防制的渔药,有 300 种以上,其剂型根据现场和科学研究等使用的要求分为气体、液体、半固体和固体四大类。

一、气体剂型

　　渔药中气体制剂的应用非常有限,在很大程度上依赖于某种气体在水中的溶解能力,即最终能否形成水溶制剂。已应用的喷雾剂,是借助机械的动力(喷雾器或雾化器)将药物喷出直接作用,在水产养殖动物的体表、皮肤或创面给药。臭氧作为一种消毒剂在鱼病的防制中已得到应用。它在水族箱内不仅可以杀灭鱼体表、鳃上的病原体,也可杀灭水中的部分微生物。气态氯也可用于杀灭病原微生物或池塘消毒。这类气体通常装在罐内,使用时用车、船运输,直接通入池塘或用水溶解后再泼于池塘。使用这类气态药物应注意:气体的溶解度必须足以杀灭病原微生物;温度和 pH 可以影响药物的挥发性、溶解度和作用效果,有时还可以影响药物在杂水中存在的形式;有些气体,例如臭氧,杀灭病原微生物的同时,对鱼类的鳃组织也可以造成损伤,应谨慎使用。

二、液体剂型

　　液体剂型是以液体为分散介质,是应用较广泛的剂型之一。在这个分散体系,药物可以是气体、液体或固体,在一定条件下它们分别以分子或离子、胶粒、颗粒、液滴等状态分散于液体介质中。液体药剂最常用的溶媒是水,另外还有乙醇、甘油和油类等。渔药中常

用的液体剂型有:

1.溶液剂

溶液剂为非挥发性化学药物的均匀透明液体,其溶媒多为水,少数则以醇或油为溶媒。可内服或外用,如维生素 A 油溶液、福尔马林(甲醛水溶液)、氨溶液等。溶液剂含有两个基本组分,即被溶解的物质和溶剂。溶解度指溶质在溶剂中的溶解能力,溶解力的大小取决于溶质和溶剂的物理和化学性质。温度对于某溶质在某特定溶剂中的溶解度有很大的影响。在水溶液中,pH 也是溶质溶解能力的一个限制性因子。

溶液剂的制法有 3 种:即溶解法、稀释法和化学反应法,3 种方法在养殖现场可根据实际情况选用。

(1)溶解法 适用于较稳定的化学药物。例如碱土金属的卤化物或碱金属,一些有机酸的金属盐或碱盐等,由于这些药物在一般条件下比较稳定,市场上较容易买到,而且在直接与溶媒混合时,溶液的质量也比较容易控制,故多采用此法。例如,人工育苗期对受精卵和幼体消毒时常采用的碘附液就用此法配制。

(2)稀释法 适用于高浓度溶液或易溶性药物浓储备液等原料。例如,过氧化氢,一般工业生产的含过氧化氢为 30%(克/毫升),而药典规定的溶液为 2.5% ~ 3.5%(克/毫升),实际使用时还可加水稀释至所需浓度。

(3)化学反应法 多数是在原料缺乏或质量不符合要求的情况下使用此法。水产养殖生产防制疾病中一般很少使用,有时在实验室进行防制药物筛选时使用。

2.注射剂

注射剂又称针剂,是指将药物制成的灭菌或无菌的溶液、混悬液、乳浊液或临用前配制成的粉针剂等专供注入体内的一种制剂。注射剂在兽药上是当前应用最广的剂型之一,因为它具有许多优点:药效迅速而且作用可靠,适用于不能口服给药的病体,适用于不宜口服给药的药物,可产生局部定位使用等。但在渔药上由于养殖对象本身的特点和必须从水体中捕捞上来后才便于操作,因此在使用注射剂方面受到一定限制。由于注射剂都为液体,因此必须选用适当的溶媒,要求具有稳定性、安全性、流动性,不与药物发生反应,不与容器发生作用。常用的注射剂溶媒主要有注射用水、注射用油和其他注射用非水溶媒等。

3. 煎剂和浸剂

煎剂和浸剂为中草药(生药)的水浸出制剂。煎剂是加水煎煮,浸剂则加水浸泡。在煎煮或浸泡过程都有一定的时间规定和对水量的要求,所有的容器一般以陶瓷为宜,而且最好在临用前配制,以免因储存而引起的变质失效,如槟榔煎剂、大黄浸剂等。

4. 乳剂

乳剂是用油、脂或石油产品等加乳化剂(通常为树脂质,如阿拉伯树胶等)在水中乳化而成的乳状悬浊液。制作良好的乳剂,可保存6个月以上,作杀虫剂使用,也有用乳剂处理池塘用水或添加到饲料中供口服。

此外尚有一些液体制剂如酊剂、芳香水剂、搽剂等,在渔药中很少应用。

三、半固体剂型

1. 软膏剂

将药物均匀地加入到适宜的基质中,制成一种具有适当稠度的膏状剂型,供外用。在体表皮肤或创面上容易涂布,如四环素软膏、挥发性黏膏(用于覆盖病鱼的淋巴囊肿病)。软膏剂主要起局部治疗、滑润和保护作用。软膏剂由于新机质的出现和吸收途径、机制研究、生产工艺等的不断提高,在医药和兽药上发展较快,应用逐步扩大。在渔药方面由于多了一层介质——水,其应用有限。

2. 糊剂

一种含大量粉末成分(超过25%以上)的制剂。通常有两类,一类为油脂性糊剂,多用植物油等为基质,将脂溶性维生素溶于基质中,然后与一定量的亲水性固体粉末均匀混合,制成软硬适中的半固体药饵,用于喂饲;另一类为水溶性糊剂,渔药上常用淀粉,加水、加温先制成糊状,然后将药物均匀混合到里面,再将这些含有药物的半固体糊状物黏附于草料上供投喂,用于预防和治疗草食性鱼类的内脏病。

四、固体剂型

渔药中绝大多数为固体剂型,种类多应用广,但在使用时绝大多数是先溶于水,然后进行泼洒、浸浴、涂擦等;也有混合到饲料中,加工成固体药饵。渔药中常见的固体剂型有:

1.散剂

散剂呈粉末状,故称为粉剂,为一种药物或两种以上药物混合成的粉状制剂。用一种药物制成的称为单一粉剂,用两种以上药物制成的称为复方粉剂,供外用或内服,如抗生素、磺胺类药物等。为了使固体不溶性药物在饲料中混合均匀,规定饲料药物添加剂必须先制成预混剂,然后加入饲料中使用。预混剂实际上也是一种或几种药物与适宜的基质均匀混合而成的散剂。

2.片剂

片剂是药物与辅料均匀混合后压制而成的片状制剂。医药上主要供内服,渔药中通常不专门制作,仅为方便计算药量或应急时使用。常见的有漂粉精(次氯酸钙)片、三氯异氰脲酸片等。将药片溶于水,制成液体消毒剂或直接将片剂投入于一定量的水中,用作水处理。片剂除一般压制片外,还有包衣片(压制片外包有一层衣膜的片剂)等。为了得到加入各种治疗目的的片剂,不是单纯将药物直接压片,而是加入各种辅助性物质,这些辅助性物质统称为辅料。辅料的理化性质必须稳定,不与主药起反应,不影响主药的释放、吸收和含量测定,对鱼体无害,来源广、成本低。辅料中最常用的是淀粉和糊精。

3.颗粒剂

颗粒剂指药物与适宜的辅料(主要是基础饲料原料)制成颗粒状内服制剂,它特别适用于吞食性鱼病的预防和治疗。颗粒剂类同于中药和兽药中的丸剂,区别是渔药中的辅料为一种粉状饲料,因此又可称之为药物饵料,简称药饵。

4.微囊剂

利用天然的或合成的高分子材料将固体或液体药物包裹而成的

微型胶囊。随着微囊化技术在药剂学方面的应用与发展,这种剂型在兽药上已经使用。

第三节　选药原则与给药方法

一、选药原则

药物在鱼病防制中具有重要的作用,许多疾病是通过各种药物来获得治疗的。但是治疗一种疾病,究竟应选用哪种药物,应遵循以下几条基本原则。

1. 有效性

从疗效方面考虑,首先要看药物对这种疾病的治疗效果。为使患病机体在短时间内尽快好转和恢复健康,以减少生产上和经济上的损失,用药时应选择疗效最好的药物。高效、速效、长效是水产药物选择的发展方向。

2. 安全性

药物或多或少都会有些副作用或毒性,因此在选药时,既要看到它治疗疾病的一面,也要看到它引起不良作用的一面。有的药物疗效虽好,但是毒性太大,选药时不得不放弃,而改用疗效较好、毒性较小的药物。如敌敌畏,治疗甲壳动物引起的寄生虫病,杀虫效果显著,但它不仅污染水体,而且经常使用容易积累,影响机体健康,因此选药时,应选杀虫效果比它稍差的敌百虫。水产药物的安全性应考虑:药物对鱼类本身毒性损害、药物对水域环境的污染和药物对人体健康的影响3个方面。

3. 简便性

水产药物除少数情况下使用注射法和涂抹法直接对个体用药外,绝大多数情况下是间接对群体用药,如口服法、全池泼洒法。因此,在防制某种疾病时一定要考虑操作是否方便。如针剂类药物,费工费时,个体太小难以操作。

4. 廉价性

在鱼病防制中,除观赏鱼或繁殖个体外,绝大多数用药量很大。因此,在保证疗效和安全的原则下,尽可能选用廉价易得的药物。昂贵的药物养殖者是不会接受的。

二、给药方法

如果给药方法不当,即使特效药,也难以达到用药的预期目的,甚至还会对患病机体增加危害。因此,应根据发病对象的具体情况和药物本身的特性,选用适宜的给药方法。目前,鱼病防制中常用的给药方法有以下几种:

1. 遍洒法

遍洒法又称全池泼洒法,即将药物充分溶解并稀释,再均匀泼洒全池,使池水达到一定的药物浓度,以杀灭鱼类体表及水中的病原体。此法杀灭病原体较彻底,但安全性差,用药量大,副作用也较大,对水体有一定的污染,使用不慎易发生事故。此法可用于鱼病的预防和治疗。

遍洒法必须先测量水体的面积和平均水深,计算出池水的体积,然后根据药物施用的浓度算出总的用药量。测量水体的平均水深,首选要根据水体各处的深浅情况,选择有代表性的测量点,然后测量各点水深,求得平均水深。

池塘水体体积的计算方法为:池水体积(米^3) = 水体面积(米^2) × 平均水深(米)。

水体用药量的计算方法为:用药总量(克) = 药物施用浓度(毫克/千克或克/米^3) × 水体重量或体积。

遍洒药物时应注意:正确测量水体;不易溶解的药物应充分溶解后再泼洒;勿使用金属容器盛放药物;泼洒药物和投饵不宜同时进行,应先喂食后泼药;泼药时间一般在晴天上午进行,对光敏感的药物宜在傍晚进行;操作者应位于上风处,从上风处往下风处泼;遇到雨天、低气压或鱼浮头时不应泼药。

2. 浸洗法

浸洗法又称浸浴法,即将鱼类置于较小的容器或水体中进行高浓度、短时间的药浴,以杀死其体外的病原体。此法用药量少,疗效好,不污染水体,但操作较复杂,易碰伤机体,且对养殖水体中的病原体无杀灭作用。一般只作为鱼类转池、运输时预防性消毒使用。

浸洗法必须先确定浸洗的对象,然后在准备好的容器内装上水,记下水的体积,按浸洗要求的药物浓度,计算和称取药物并放入非金属容器内,搅拌使其完全溶解,记下水温,最后把要浸洗的对象放入药液容器中,经过要求的浸洗时间后,将其直接放入池中或经清水洗过后再放入池中。

浸洗法用药应注意:浸洗的时间应根据水温、药物浓度、浸洗对象的忍耐度等灵活掌握;捕捞、搬运鱼类时应小心谨慎,防止机体受伤;浸洗程序不可颠倒,即应先配药液,后放浸洗对象。

3. 挂袋挂篓法

此法又称悬挂法,即将盛有药物的袋或篓挂在食场的四周,利用鱼类进食场摄食的机会,达到消毒的目的。一般易腐蚀的药物放在竹篓内,不易腐蚀的药物装在布袋内。此法用药量少,方法简便,毒副作用小,但杀灭病原体不彻底,只有当鱼类到挂袋或挂篓的食场吃食和活动时,才有可能起到一定的消毒作用。此法只适用于预防和鱼病早期的治疗。

挂袋挂篓法应先在养殖水体中选择适宜的位置,然后用竹竿、木棒等扎成三角形或方形框,并将药袋或药篓悬挂在各边框上,悬挂的高度根据鱼类的摄食习性而定。漂白粉挂篓法,每篓装漂白粉100克,每个食场挂 3 ~ 6 只。挂在底层的,应离底 15 ~ 20 厘米,篓口要加盖,防止漂白粉浮出篓外;挂到表层的,篓口要露出水面。硫酸铜和硫酸亚铁合剂(5∶2)挂袋法,每袋装硫酸铜 100 克,硫酸亚铁 40克,每个食场挂 3 只。每天换药 1 次,连挂 3 ~ 6 天。

采用挂袋挂篓法用药应注意:食场周围药物浓度要适宜,过低鱼类虽来摄食,但杀不死病原体,达不到消毒的目的,过高鱼类不来摄食,也达不到用药目的;药物的浓度宜掌握在鱼类能来摄食的最高忍耐浓度及高于能杀灭病原体的最低浓度,且该浓度须保持不短于鱼类摄食的时间,一般须挂药 3 天;放药前宜停食 1~2 天,保证鱼类在用药时前来摄食。

4.涂抹法

涂抹法又称涂擦法,即在鱼类体表患处涂抹较浓的药液或药膏,以杀灭病原体。此法用药量少、安全、副作用小,但适用范围小。此法适用于治疗繁殖个体、名贵鱼类体表疾病。

涂抹法的具体操作是将患病鱼类捕起,用药时用一块湿纱布或毛巾将其裹住,然后将药液涂在病灶处。

涂抹药物时应注意:将鱼头部稍提起,以免药物流入口腔、鳃而产生危害。

5.浸沤法

浸沤法是将中草药扎成捆,浸泡在池塘上风处或进水口处,让浸泡出的有效成分扩散到池中,以杀灭或抑制鱼类体表和水中的病原体。此法药物发挥作用较慢,一般只适用于预防。

6.口服法

口服法又称投喂法,即将药物或疫苗与鱼类喜欢吃的饲料拌匀后直接投喂或制成大小适口、在水中稳定性好的颗粒药饵投喂,以杀灭鱼类体内的病原体。此法用药量少,使用方便,不污染水体,但只对那些尚有食欲的个体有作用,而对病重者和失去食欲的个体无效。此法适用于预防和治疗。

口服药量一般是根据每千克鱼类的体重来计算的,也有按每千克饲料的重量来计算的。口服药物使用 1 次,一般达不到理想的疗效,至少要投喂 1 个疗程(3~5 天)。药饵的制作应根据鱼类的摄食习性和个体大小,用机械或手工加工,主要有两种类型:浮性药饵和沉性药饵。

浮性药饵的制作:将药物与鱼类喜欢吃的商品饲料,如米糠、麦麸等均匀混合,加入面粉或薯粉作黏合剂(1:0.3)和适量水,经饵料机加工成颗粒状,直接投喂或晒干备用。或者先将鱼类喜欢吃的嫩草切成适口大小,再将药物和适量黏合剂均匀混合,加热水调成糊状,冷却后拌在嫩草上,晾干后直接投喂。

沉性药饵的制作:将药物与鱼类喜欢吃的商品饲料,如豆饼、花生饼等均匀混合,加入黏合剂(1:0.2)和适量水,经饵料机加工成颗粒状,直接投喂或晒干备用。

投喂药饵时应注意:药饵要有一定的黏性,以免遇水后不久即散,而影响药效,但也不宜过黏;计算用药量时,不能单以生病的品种计算,应将所有能吃食的品种计算在内;投喂前应停食1~2天,保证鱼类在用药时前来摄食;投喂量要适中,避免剩余。

7. 注射法

注射法是用注射器将药物注射入胸腔、腹腔或肌肉,以杀灭鱼类体内的病原体。此法用药量准确,吸收快,疗效高(药物注射),预防效果佳(疫苗、菌苗注射),但操作麻烦,容易损伤机体。此法一般只在繁殖个体、名贵鱼类患病及人工注射疫苗时采用。

注射用药应注意:先配制好注射药物和消毒剂;注射器和注射部位都应消毒;注射药物要准确、快速,勿使鱼类机体受伤。

第四节　鱼病防制常用药物

一、环境改良剂与消毒药

这类药物主要是通过抗菌、杀虫,达到消毒与改良环境的目的。主要有卤素类、醛类、酸类、碱类、盐类、氧化剂、染料和生物改良剂等。

1. 卤素类

(1)漂白粉

【性状】白色颗粒状粉末;有氯臭,有效氯含量不应低于25%;呈碱性;部分溶于水和乙醇;稳定性差,在空气中易潮解。

【作用机制】遇水产生具有杀菌力的次氯酸和次氯酸离子,次氯酸又放出活性氯和初生态氧,对细菌原浆蛋白产生氯化反应和氧化反应,从而起到杀菌作用。

【使用注意事项】①主要用于消毒,一般带水清塘用量为 20 毫克/千克,浸洗浓度为 10 毫克/千克,全池泼洒浓度为 1 毫克/千克。②密封储存于阴凉干燥处。一般使用前,最好先用水生漂白粉有效氯测定器或蓝黑墨水滴定法,测定其有效氯含量后,再计算实际用药量,以保证疗效。③不能使用金属器皿盛本品。④禁与酸配伍使用。⑤使用时应戴橡皮手套,避免接触眼睛和皮肤。⑥药效与池水的温度成正比,与 pH、有机物、溶解氧等指标成反比。

(2)优氯净(二氯异氰脲酸钠)

【性状】白色结晶性粉末;有氯臭,含有效氯 60% ~ 64%;呈酸性;稳定;易溶于水。

【作用机制】在水中产生次氯酸,使细菌原浆蛋白氧化,从而起到杀菌作用。

【使用注意事项】①主要用于消毒,一般全池泼洒浓度为0.3 ~ 0.6 毫克/千克。②安全浓度范围小,使用时准确计算用量。③勿用金属器皿盛本品。④干燥处保存,避免接触酸、碱。

(3)二氧化氯(稳定性二氧化氯)

【性状】常温下为淡黄色气体;可溶于硫酸和碱中;可制成无色、无味、无臭和不挥发的稳定性液体。

【作用机制】使微生物蛋白质中的氨基酸氧化分解,从而使微生物死亡。

【使用注意事项】①禁用金属容器盛装本品。②保存于通风、阴凉、避光处。③不宜在阳光下进行消毒。④其杀菌效果随温度的降低而减弱。

(4)碘

【性状】灰黑色或蓝黑色,有金属光泽的片状结晶;有异臭;常温中易挥发,易溶于乙醇。

【作用机制】氧化病原体原浆蛋白的活动基团,并与蛋白质的氨基酸结合使其变性。

【使用注意事项】①除用于消毒外,还用于驱虫。②密封、阴凉、干燥、避光处保存。

(5)聚维酮碘(聚乙烯吡咯烷酮碘)

【性状】黄棕色至红棕色粉末;呈酸性;溶于水;有效碘含量为 9% ~12%。

【作用机制】本品接触机体时,能逐渐分解,缓慢释放出碘而起到消毒作用。

【使用注意事项】①用于鱼卵、水生动物体表消毒。②密封、阴凉、干燥、避光处保存。

2. 醛类

(1)福尔马林(40%甲醛溶液)

【性状】含37% ~40%甲醛的水溶液,并含有10% ~12%的甲醇或乙醇作稳定剂;无色液体;有刺激性臭味;呈弱酸性;易挥发;有腐蚀性;在冷处(9℃以下)易聚合发生混浊或沉淀。

【作用机制】使病原体细胞质的氨基部分烷基化,导致蛋白质变性而起到杀菌作用。

【使用注意事项】①除了用于消毒外,还可用于组织的固定和保存。②使用时水温不应低于18℃。③避免接触眼睛和皮肤。④禁用金属容器盛装本品。⑤保存于密闭的有色玻璃瓶中,并存放于阴凉、温度变化不大的地方,以防发生三聚甲醛白色絮状沉淀。使用时,如有白色沉淀,可将盛甲醛的瓶子放在热水中烫几十分,直至白色沉淀消失为止。

(2)戊二醛

【性状】本品为淡黄色澄清液体;有刺激性特臭。

【作用机制】当 pH 为 7.5 ~8.5 时作用最强,可杀灭细菌的繁殖体和芽孢、真菌、病毒,其作用是甲醛的 2 ~10 倍。戊二醛杀灭微生物的机制是自由醛基与细胞表面或内部蛋白质或酶的氨基结合而引起一系列的反应,导致微生物的死亡。非离子表面活性剂聚氧乙烯脂肪醇醚,加强了药物的表面活性作用,并影响微生物反相转录酶活性的作用可协同增效,消毒灭菌效果更加突出。

【注意事项】①勿用金属容器盛装。②避免接触皮肤和黏膜。③勿与阴离子类活性剂、无机盐类消毒剂及强碱类物质混用。④水质较清的瘦水塘及软体动物、鲑等冷水性鱼类慎用。⑤使用后注意池塘增氧。

3.醋酸(乙酸)

【性状】无色液体,特臭,味极酸,易溶于水。

【作用机制】除用作杀菌剂、水质改良剂外,还用作杀虫剂或调节池水 pH。

【使用注意事项】放置玻璃瓶内,密封保存。

4.生石灰(氧化钙)

【性状】白色或灰白色块状,水溶液呈强碱性,在空气中极易吸水变为熟石灰而失效。

【作用机制】①遇水生成的氢氧化钙能快速溶解细胞蛋白质膜,使其丧失活力。②使水中悬浮的胶状有机物沉淀,澄清池水。③熟石灰吸收二氧化碳所形成的碳酸钙,能疏松淤泥的结构,改善底泥的通气条件,促进细菌对有机质的分解。④碳酸钙能起缓冲作用,使池水 pH 始终稳定于弱碱性。⑤增加钙肥,为鱼类提供必不可少的营养物质。

【使用注意事项】①用于消毒和环境改良,还可清除敌害,一般带水清塘用量为 200 毫克/千克,全池泼洒浓度为 20 ~ 30 毫克/千克。②注意防潮,药品现用现配,不宜久储,晴天用药。

5.盐类

(1)氯化钠(食盐)

【性状】白色结晶状粉末,无臭,味咸,易溶于水,水溶液呈中性。

【作用机制】改变病原体渗透压,使其脱水致死。

【使用注意事项】①除用作消毒外,还用作杀虫。②不宜在镀锌容器中浸洗,以免中毒。

(2)碳酸氢钠(小苏打)

【性状】白色结晶粉末,无臭,味咸,空气中易潮解,易溶于水、水溶液呈弱碱性。

【作用机制】促使病原体的蛋白质和核酸水解,分解糖类而使其被杀灭。

【使用注意事项】①常用作辅助剂,与食盐或敌百虫配合使用,可增强主效药物对真菌或寄生虫的杀灭作用。②密闭、干燥保存。

6. 氧化剂

（1）高锰酸钾

【性状】黑紫色细长结晶,带蓝色金属光泽;无臭;易溶于水;与某些有机物或易氧化物接触,易发生爆炸;在碱性或微酸性水中会形成二氧化锰沉淀。

【作用机制】遇有机物即释放新生态氧,迅速氧化微生物体内的活性基团而发挥其杀菌作用。

【使用注意事项】①可用作消毒、防腐外,还可用作杀虫、解毒、除臭。②禁忌与甘油、碘和活性炭等研合。③溶液宜现用现配,久储易失效。④药效与水中有机物含量、水温有关,有机物含量少、水温高时,药效增强。⑤不宜在强光下使用,否则容易氧化失效。⑥避光保存于密封棕色瓶中。

（2）过氧化氢溶液（双氧水）

【性状】透明水溶液;无臭或类似臭氧的臭气;味微酸;不稳定,遇氧化物或还原物即分解发生泡沫,见光易分解变质,久储易失效,故常保存浓过氧化氢溶液（含双氧水 27.5% ~ 31.0%）,用时再稀释成含过氧化氢 3% 的溶液。

【作用机制】在水中能迅速释放出大量的氧,起杀菌和除臭作用。

【使用注意事项】①用于局部的消毒与清洁,但只适用于浅部伤口的清洁。②避光保存在棕色瓶中。③体弱的病鱼不宜使用本品。

7. 亚甲蓝（亚甲基蓝、美蓝、品蓝）

【性状】深绿色,有光泽的柱状结晶或结晶性粉末,易溶于水或酒精;无臭;在空气中稳定;呈碱性。

【作用机制】与微生物酶系统发生氢离子竞争性对抗,使酶成为无活性的氧化状态而显示疗效。

【使用注意事项】①使用时要用药级亚甲蓝。②低水温期药效差,有机质含量高的水中,药效衰减快。

8. 生物改良剂

生物改良剂是利用某些微生物把水体或底泥中的氨态氮、硫化氢、油污等有害物质分解（或吸收）,变成有益的物质,达到改良、净化环境的目的。目前常用的生物改良剂有光合细菌、硝化细菌、硫杆菌和固氮菌等。

（1）光合细菌

【种类】有 4 科，即红螺菌、着色菌、绿色菌及曲绿菌。

【作用与用途】光合作用的共同特点是在嫌气光照条件下吸收各种光谱，利用光能把氢或有机物作为氢的供给体，固定二氧化碳或低脂类有机物作为碳源进行生长和繁殖，生长过程不产生氧气。光合细菌除了可吸收、降低水中的氨态氮、硫化氢等有毒物质，消除它们对养殖水体的危害，起到净化水质的作用外，本身还富含氨基酸、维生素 B、维生素 H 及辅酶等。因而，还可作为饲料添加剂，促进动物生长，预防疾病的发生。

【使用注意事项】①勿与抗生素或消毒剂同时使用。②正常情况下，3 天内不换水或减少换水量。③阴雨天不使用，以免影响药效。

（2）硝化菌

【种类】分两类：亚硝化单胞菌和硝化杆菌。

【作用和用途】将水环境中的氨或氨基酸转化为硝酸盐或亚硝酸盐，放出热量，促使水体及底泥中的有毒成分转化为无毒成分，达到净化水体的作用。

【使用注意事项】勿与抗生素或消毒剂同时使用，正常情况下 3 天内不换水或减少换水量。

二、抗微生物药

抗微生物药是指通过内服或注射，杀灭或抑制体内微生物繁殖、生长的药物。

目前，用于鱼类病毒病的药物种类很少，已使用的抗病毒药物有聚维酮碘和免疫制剂。用于鱼类细菌病的药物有 70 多种，包括磺胺类、抗生素类和喹诺酮类等药物。

1. 磺胺类药物

磺胺类药物是一类对氨苯磺酰胺的衍生物类药物，一般为白色或黄色结晶状粉末，主要种类、性状和特点见表 2-1。

表 2 - 1　磺胺类药物的主要种类、性状和特点

名称	简称	性状	特点
磺胺甲基嘧啶	SM	白色,结晶性粉末;无臭;味微苦;遇光色变深	抗菌作用强,易损伤肾脏;半衰期 17 小时,中效磺胺类药
磺胺甲基异噁唑(新诺明)	SMZ	白色,结晶性粉末;无臭;味微苦;几乎不溶于水	抗菌作用强;半衰期 11 小时,中效磺胺类药物
磺胺嘧啶	SD	白色,结晶性粉末;见光色变深;几乎不溶于水	抗菌作用强,对肾有损害;半衰期 17 小时,中效磺胺类药
磺胺间甲氧嘧啶	SMM	白色,结晶性粉末;无臭;无味;遇光色变暗;不溶于水	抗菌作用强,吸收快且好,不良反应较少;维持期长,长效磺胺类药
磺胺间二甲氧嘧啶	SDM	白色,结晶性粉末;无臭;无味几乎不溶于水	抗菌作用较强,吸收快,毒副作用性较小;持续期长,长效磺胺类药
磺胺二甲异噁唑	SIZ	白色,结晶性粉末;溶于水	抗菌作用仅次于 SMM 和 SMZ,吸收快,排泄快;半衰期 6 小时,为短效磺胺类药物

【作用机制】主要是磺胺类药物与对氨基苯甲酸(PABA)竞争二氢叶酸合成酶,妨碍细菌维生素 B_{11} 的合成,导致细菌不能生长和繁殖,起到抑菌作用。抗菌谱极广,并对少数真菌、病毒有抑制作用。

【使用注意事项】①一般首次剂量加倍,以后保持一定的维持量。②细菌易对磺胺类药物产生耐药性。③应避光密封保存。④与磺胺增效剂合用,可增强抗菌能力。

2.抗生素类药物

细菌、放线菌和真菌等微生物的代谢产物,称为抗生素,又称为抗菌素。目前,鱼病防制方面常用的抗生素主要是四环素、金霉素、土霉素、青霉素和硫酸链霉素。其性状、抗菌谱、作用机制和使用注意事项见表 2 - 2。

表2-2　抗生素类药物的主要种类

名称	性状	抗菌谱	抗菌机制	使用注意事项
四环素	黄色,结晶性粉末;无臭;在空气中较稳定,见光色变深;在碱性溶液中易失效	广谱	干扰蛋白质的合成	勿与碱性药物同时使用;需避光保存
金霉素	金黄色,结晶;无臭;在空气中较稳定,见光色变暗;水溶液呈酸性,在中性和碱性溶液中易失效	广谱	干扰蛋白质的合成	勿与金属和碱性物质接触;需避光保存
土霉素	黄色,结晶性粉末;无臭;在空气中稳定,强光下色变深,饱和水溶液呈弱酸性,在碱性溶液中易失效	广谱	干扰蛋白质的合成	勿与碱性药物同时使用;需避光保存
青霉素	白色,结晶性粉末;无臭;易溶于水,水溶液不稳定;遇热、碱、酸、氧化剂、重金属等易失效	主要抗革兰阳性菌	干扰细胞壁的合成	药品现配现用;保存在4~6℃的冰箱中
硫酸链霉素	白色到微黄色;粉末或颗粒;无臭;味苦;有吸湿性,在空气中易潮解,易溶于水;性质较稳定	主要抗革兰阴性菌	干扰蛋白质的合成	勿与碱性药物同时使用;保存在4~6℃的冰箱中

3. 喹诺酮类药物

【主要种类和性状】见表2-3。

表2-3　喹诺酮类药物的主要种类和性状

名称	性状	抗菌谱	备注
萘啶酸	白色或淡黄色,结晶性粉末;无臭;几乎不溶于水;在酸、碱溶液中稳定,见光色变黑	主要抗革兰阴性菌	第一代喹诺酮类药物
噁喹酸	白色,柱状或结晶粉末;无臭;无味;几乎不溶于水;对热、光、湿稳定	主要抗革兰阴性菌	第一代喹诺酮类药物
吡哌酸	微黄色,结晶性粉末;无臭;味苦;微溶于水,易溶于酸或碱;见光色变黄	抗菌谱较广	第二代喹诺酮类药物

第二章

【作用机制】抑制细菌脱氧核苷酸的合成。

【使用注意事项】储存于干燥处,避免阳光直射。

三、杀虫驱虫药

用来杀灭或驱除鱼类体内、外寄生虫及敌害生物的一类物质称为杀虫驱虫药。常用的杀虫驱虫药有硫酸铜、硫酸亚铁、敌百虫和硫酸二氯酚等。

1. 硫酸铜(蓝矾、胆矾、石胆)

【性状】蓝色透明,结晶性颗粒或结晶性粉末;无臭;具金属味;在空气中逐渐风化;易溶于水,水溶液呈酸性。

【作用机制】铜离子与菌体蛋白质结合成蛋白盐,使其沉淀,达到杀灭病原体的目的。

【使用注意事项】①勿使用金属容器存放本品。②本品安全浓度范围较小,毒性较大,使用时应准确计算用药量。③溶解药物时,水温不应超过60℃,否则失效。④具有一定的毒副作用和铜的残留积累作用,故不能经常使用。⑤储存于干燥、通风处。⑥药效与水温成正比,并与水中有机物含量、溶解氧、盐度、硬度和 pH 成反比。

2. 硫酸亚铁(绿矾、青矾、皂矾)

【性状】淡蓝绿色,柱状结晶或颗粒;无臭;味咸涩;在干燥空气中易风化;在潮湿空气中则氧化成碱式硫酸铁而呈黄褐色;易溶于水,水溶液呈中性。

【作用机制】只能作为辅助剂,常与硫酸铜和敌百虫等合用,以提高主药效的通透能力而增强药效。

【使用注意事项】密封保存。若硫酸亚铁呈黄褐色,就不能再使用。

3. 氯化铜(二氯化铜)

【性状】绿色到蓝色,粉末或斜方双锥体结晶;无臭味;在潮湿空气中潮解,在干燥空气中风化;易溶于水,水溶液呈酸性。

【作用机制】铜离子与菌体蛋白质结合成蛋白盐,使其沉淀,达到杀灭病原体的目的。

【使用注意事项】①除了用作杀虫剂外,还可用作杀菌消毒剂。

②准确计算用药量。③储存于干燥、通风处。

4.敌百虫

【性状】白色结晶；易溶于水，酸性；在中性或碱性溶液中发生水解，生成敌敌畏，进一步水解，最终分解成无杀虫活性的物质，是一种高效、低毒、低残留的有机磷农药。

【作用机制】使胆碱酯酶活性受抑制，失去水解破坏乙酰胆碱的能力，从而使寄生虫神经失常，中毒死亡。

【使用注意事项】①忌用金属容器盛放本品。②遇碱即分解，故除面碱外，不得与其他碱性药物合用。③敌百虫对鳜鱼、加州鲈鱼、淡水白鲳及虾蟹类的毒性较大，应慎用。④密封、避光、干燥处保存。

5.硫酸二氯酚（别丁）

【性状】白色，结晶性粉末；无臭；几乎不溶于水。

【作用机制】阻止三磷腺苷的合成，从而引起寄生虫能量代谢的障碍而致死。

【使用注意事项】需避光保存。

四、代谢改善和强壮药

代谢改善和强壮药是指以改善水产养殖动物机体代谢，增强机体体质、病后恢复，促进生长为目的而使用的药物。包括激素、维生素、矿物质和氨基酸等。

五、中草药

中草药具有高效、毒副作用小、抗药性不显著、资源丰富及价格低廉等优点。在防制鱼病时，除了兼有药性和营养性外，还具有提高鱼类生产性能和饲料利用率的功效。如大蒜治肠炎、五倍子治白尾病、乌桕叶治烂鳃病、生姜和辣椒治小瓜虫病等。

现将鱼病防制中常用的中草药介绍如下：

1. 大蒜(图 2-1)

图 2-1　大蒜

【**特性**】百合科,多年生草本植物。鳞茎呈卵形微扁,直径 3~4 厘米;外皮白色或淡紫红色,有弧形紫红色脉线;内部鳞茎包于中轴,瓣片簇生状,分 6~12 瓣,瓣片白色肉质,光滑而平坦;底盘呈圆盘状,带有干缩的根须。

【**药用部分**】鳞茎,现有人工合成的大蒜素和大蒜素微囊。

【**有效成分**】大蒜辣素,臭辣味。对热不稳定,遇碱易失效,但不受稀酸影响。

【**性能和主要功效**】性温、味辛、无毒,具有止痢、杀菌、驱虫、健胃作用。

【**防制对象及使用方法**】可防制肠炎等细菌性鱼病,将大蒜捣碎,按每千克鱼 10~30 克,拌饵投喂,每天 1 次,连喂 3~6 天。

2. 大黄(图 2-2)

图 2-2　大黄

【**特性**】蓼科,多年生草本植物,高达 2 米。地下有粗壮的肉质根及根块茎,茎黄棕色,直立,中空;叶互生,叶身呈掌状浅裂;花黄白色而小,呈穗状花序。

【**药用部分**】根、根块茎。

【有效成分】大黄酸、鞣质、大黄素及芦荟大黄素等蒽醌衍生物。

【性能和主要功效】性寒、味苦,具有抗菌、收敛、增加血小板,促进血凝固作用。

【防制对象及使用方法】可防制细菌性鱼病和出血病,全池泼洒,每立方水体用大黄2.5~3.7克。用前先将大黄加20倍的0.3%氨水,浸泡12~24小时,使蒽醌衍生物游离出来,可提高药效。

3. 乌桕(图2~3)

图2-3　乌桕

【特性】大戟科,落叶乔木,高可达20米。叶互生,菱形或卵形,背面粉绿色;夏季开黄花,穗状花序顶生;蒴果球形,有三裂;三颗种子外被白色蜡层。

【药用部分】根、皮、叶、果。

【有效成分】酚酸类物质。它在酸性条件下溶于水,在生石灰作用下生成沉淀,有提效作用。

【性能和主要功效】性微温、味苦,具有抑菌、解毒和消肿作用。

【防制对象及使用方法】可防制白头白嘴等细菌性鱼病,全池泼洒,每立方米水体用乌桕6克。用前先将乌桕加20倍重量的2%生石灰,浸泡12小时,在煮沸10分后,可提高药效。

4. 地锦草(图2-4)

【特性】大戟科。一年生匍匐小草本,长约15厘米。茎从根部分为数枝,紫红色,平铺地面;叶小,对生,长椭圆形,边缘有细齿;茎叶含有白色乳汁;花极小,生于壶形苞内。

【药用部分】全草。

【有效成分】黄酮类化合物及没食子酸。

图 2 - 4 地锦草

【**性能和主要功效**】性平、味苦、无毒,具有强烈的抑菌作用,抗菌谱广,并有止血、中和毒素的作用。

【**防制对象及使用方法**】可防制肠炎等细菌性鱼病,用干的地锦草、铁苋菜、辣蓼或马齿苋(合用或单用均可)按每千克鱼 5 克,打成粉后,加盐 2 克,拌饵投喂,每天 1 次,连喂 3 天。鲜地锦草、马齿苋各 25 克,铁苋菜、辣蓼各 20 克。

5. 铁苋菜(图 2 - 5)

图 2 - 5 铁苋菜

【**特性**】大戟科,一年生草本植物,高 20 ~ 40 厘米。叶互生,卵状菱形或卵状披针形,边缘有钝齿,叶片粗糙;花序腋生,雄花序穗状,花小,紫红色,雌花序藏于对合的叶状苞片内;果小,三角状半圆形,表面有毛。

【**药用部分**】全草。

【**有效成分**】铁苋菜碱。

【**性能和主要功效**】性凉、味苦涩,具有止血、抗菌、止痢和解毒作用。

【**防制对象及使用方法**】同地锦草。

6. 穿心莲(图 2 - 6)

图 2 - 6　穿心莲

【特性】爵床科,一年生草本植物,高50 ~ 80 厘米。茎方形,有棱,分枝多,节稍膨大;叶对生,深绿色,尖卵形,类似辣椒叶;疏散的圆锥花序生于枝顶或叶腋,花冠白色,近唇形,有淡紫色条纹;果长椭圆形,表面中央有一纵沟;种子长方形。

【药用部分】全草。

【有效成分】穿心莲内酯、新穿心莲内酯和脱氧穿心莲内脂等。

【性能和主要功效】性寒、味苦,具有解毒、消炎、消肿、止痛,抑菌、止泻及促进白细胞的吞噬作用等功能,对双球菌、溶血性链球菌有抑制作用。

【防制对象及使用方法】可防制肠炎等细菌性鱼病,每千克鱼用干的穿心莲20 克,打成粉后,加盐 2 克,拌喂或制成药饵,每天 1 次,连喂 3 天;或鲜的穿心莲按 30 克,打成浆后,加盐 2 克,拌喂或制成药饵,每天 1 次,连喂 3 天。

7. 乌蔹莓(图 2 - 7)

图 2 - 7　乌蔹莓

【**特性**】葡萄科,多年生蔓生草本植物。茎紫绿色,有纵棱,无毛,有卷须;掌状复叶外叶五片,倒卵形至长椭圆形。边缘有钝锯齿;花小,黄绿色,腋生聚伞花序;浆果球形,熟时紫黑色。

【**药用部分**】全草。

【**有效成分**】甾醇、黄酮类。

【**性能和主要功效**】性寒、味酸苦,具有抑菌、解毒、消肿、止痛和止血等作用。

【**防制对象及使用方法**】可防制白头白嘴鱼病,用乌蔹莓 5~7 毫克/千克,拌硼砂 1.5~2 毫克/千克,全池泼洒,每天 1 次,连泼 3 天。

8. 五倍子(图 2-8)

图 2-8　五倍子

【**特性**】为漆树科植物盐肤木、青麸杨和红麸杨等叶茎寄生的虫瘿,虫瘿呈囊状,有角倍和肚倍之分。角倍呈不规则囊状,有若干瘤状突起或角状分枝,表面具绒毛;肚倍呈纺锤形囊状,无突起或分枝,绒毛少;9~10 月摘卜虫瘿,煮死内部寄生虫。干燥即得。

【**药用部分**】虫瘿。

【**有效成分**】鞣质、没食子酸等。

【**性能和主要功效**】性寒、味酸涩,具有抗菌、止衄、解毒和收敛作用。

【**防制对象及使用方法**】可防制肠炎等细菌性鱼病,口服按每千克鱼 2~4 克,每天 1 次,连泼 3~6 天。

9.辣蓼(图2-9)

图2-9　辣蓼

【**特性**】蓼科,一年生草本,高50~90厘米。茎直立或下部伏地,茎节部膨大,紫红色,分枝稀疏;单叶互生,披针形,长5~7厘米,叶面有"八"字形黑纹;花淡红色,顶生或腋生穗状花序;果小,熟时褐色,扁圆形或略呈三角形。

【**药用部分**】全草。

【**有效成分**】甲氧基蒽醌、蓼酸、糖苷氧苘类化合物等。

【**性能和主要功效**】性温、味辛,具有杀虫、抑菌、消炎和止痛等作用。

【**防制对象及使用方法**】同地锦草。

10.黄柏(图2-10)

图2-10　黄柏

【**特性**】芸香科,落叶乔木,高 10~15 米。树皮厚,灰色或棕褐色,外层木栓质发达,有深纵裂,内皮鲜黄色;单数羽状复叶对生,5~13 片,卵状披针形;花小,黄绿色,单性,雌雄异株,圆锥状花序;果实球形,熟时紫黑色,果实揉碎后有松节油气味。

【**药用部分**】干燥树皮。

【**有效成分**】小檗碱、栏碱、黄柏碱等。

【**性能和主要功效**】性寒、味苦,具有抑菌、消炎、止痛、解毒和消肿等作用。

【**防制对象及使用方法**】可防制出血病和细菌性鱼病,用干的黄柏、黄芩、黄连、板蓝根和大黄(合用或单用均可)按每千克鱼 5 克,打成粉后,加盐 5 克,拌喂或制成药饵,每天 1 次,连喂 7 天。

11. 黄芩(图 2-11)

图 2-11　黄芩

【**特性**】唇形科,多年生直立草本,高20~60 厘米。主根粗壮,略呈圆锥形,外皮棕褐色;茎为方形,基部多分枝;叶对生,卵圆形;花蓝色,唇形,总状花序顶生。

【**药用部分**】干燥根。

【**有效成分**】黄芩素、黄芩苷、汉黄芩苷、贝加因等多种黄酮类成分。

【**性能和主要功效**】性寒、味苦,具有抑菌、消炎和清热等作用。

【**防制对象及使用方法**】同黄柏。

12. 黄连(图 2 - 12)

图 2 - 12 黄连

【**特性**】毛茛科,多年生草本植物,高 20 ~ 50 厘米。根状茎,细长柱形,多分枝,形如鸡爪,节多,生有极多须根;叶从根茎长出,有长柄,指状三小叶,小叶有深裂,裂片边缘有细齿;花小,淡黄绿色,花 3 ~ 8 朵,顶生。

【**药用部分**】根状茎。

【**有效成分**】黄连碱、防己碱、小檗碱等。

【**性能和主要功效**】性寒、味苦,具有抗菌、杀虫、消炎和解毒等作用。

【**防制对象及使用方法**】同黄柏。

13. 车前草(图 2 - 13)

图 2 - 13 车前草

【**特性**】车前科,多年生草本植物,高 10 ~ 30 厘米。根状茎短,有许多须根;叶根生,卵形,基出掌状脉 5 ~ 7 条;花细小,淡绿色,穗状花序,长 6 ~ 7 厘米;果卵形,长约 3 厘米。

【**药用部分**】全草。

【**有效成分**】胆碱、车前苷、桃叶、珊瑚苷。

【**性能和主要功效**】性凉、味淡甘,具有抗真菌、消炎和抗肿瘤等作用。

【**防制对象及使用方法**】可防制肠炎等细菌性鱼病。按每千克鱼 10 克,用煎煮后的汁,拌喂或制成药饵,每天 1 次,连喂 6 天。

14. 生姜(图 2 - 14)

图 2 - 14　生姜

【**特性**】姜科,多年生草本,高 40 ~ 100 厘米。根状茎肉质,扁平多节,黄色,有芳香及辛辣味;叶二列式互生,线状披针形,基部无柄;花橙黄色,花萼单独自根茎抽出,穗状花序,卵形,通常不开花;蒴果 3 瓣裂。

【**药用部分**】鲜根状茎。

【**有效成分**】姜醇、姜烯等挥发油。

【**性能和主要功效**】性微温、味辛,具有抗菌、解毒和杀虫作用。

【**防制对象及使用方法**】具有消炎作用,将姜汁涂抹鱼体伤口处即可。

15. 马齿苋(图 2 – 15)

图 2 – 15 马齿苋

【**特性**】马齿苋科,一年生肉质草本植物,高约 35 厘米。茎淡紫红色,全株味酸;叶互生,肉质,紫红色,形似瓜子;花小,黄色,腋生或顶生;蒴果圆形,从中裂开,内有许多黑色种子。

【**药用部分**】全草。

【**有效成分**】去甲肾上腺素,生物碱。

【**性能和主要功效**】性寒、味酸,具有清热解毒、消炎镇痛和治痢杀虫等作用。

【**防制对象及使用方法**】同地锦草。

16. 板蓝根(图 2 – 16)

图 2 – 16 板蓝根

【**特性**】二年生草本植物,高 40 ~ 90 厘米。主根直径 5 ~ 8 毫米,灰黄色。茎直立,光滑无毛,多少带白粉状。单叶互生,基生叶长圆状椭圆形,茎生叶长圆形至长圆状披针形;花序复总状,花黄色;角果顶端圆钝或截形。

【**药用部分**】为板蓝的根。

【**有效成分**】吲哚苷、齐子苷、蒽醌类。

【**性能和主要功效**】性寒、味苦,具有清热解毒、抗菌和抗病毒等作用。

【**防制对象及使用方法**】同黄柏。

17.苦楝(图2-17)

图2-17 苦楝

【**特性**】落叶乔木,高15~20米。树皮暗褐色,有皱裂;叶互生,二至三回奇数羽状复叶;花淡紫色,腋生圆锥花序;果球形,熟时黄色。

【**药用部分**】根、树皮和枝叶。

【**有效成分**】川楝素。

【**性能和主要功效**】性苦、味寒,具有杀虫和抗真菌作用。

【**防制对象及使用方法**】可防制车轮虫和锚头鳋病,按每立方米水体10克,将苦楝根或枝叶打成浆后全池泼洒。也可配以菖蒲全池泼洒。

18.枫树(图3-18)

图2-18 枫树

【**特性**】落叶乔木,高 20 ~ 40 米。单叶互生,有长柄,掌状三裂或裂片三角形,边缘有细锯齿,秋天旱黄色;花淡黄褐色,雌雄同株,顶生短穗状花序;蒴果圆球形,种子多角形。

【**药用部分**】叶。

【**有效成分**】倍半萜稀化合物与桂皮酸酯等挥发油。

【**性能和主要功效**】性辛、平、味苦,具有解毒、止血和止痛作用。

【**防制对象及使用方法**】可防制肠炎、烂鳃等细菌性鱼病,将枫树枝叶按每立方米水体 30 克,扎成捆(每捆 10 ~ 20 千克)浸泡池角或池边,隔 1 周后将成捆的枫树枝叶翻动 1 次,浸泡 20 天左右,把未泡烂的枝叶从池中捞出。

19. 菖蒲(图 2 - 19)

图 2 - 19　菖蒲

【**特性**】多年生挺水草本,叶具中肋,叶片剑形。长 50 ~ 100 厘米,宽 1 ~ 3 厘米。常生于池塘浅水处、沼泽或水泡子中,分布于我国南北各省。

【**药用部分**】根茎。

【**有效成分**】挥发油、糖类、鞣质、菖蒲苷。

【**性能和主要功效**】消化、健胃。

【**防制对象及使用方法**】可防制肠炎、烂鳃、赤皮和水霉病。将菖蒲打成浆按每立方米水体 7.5 克,加食盐 15 克和人尿 30 克,全池泼洒。

20. 芦苇(图 2 - 20)

图 2 - 20　芦苇

【特性】多年生高大草本,叶扁平,带状披针形,高 1 ~ 3 米,直径 2 ~ 10 毫米。具粗壮匍匐茎,叶片带状披针形,长 15 ~ 50 厘米,宽 1 ~ 3 厘米,我国南北各地皆有分布。

【药用部分】芦根。

【有效成分】不详。

【性能和主要功效】清热、利尿、消炎。

【防制对象及使用方法】可防制草鱼肠炎病,按每万尾鱼种用芦根 5 千克,加大蒜 0.25 千克和食盐 0.25 千克,打成浆,拌喂或制成药饵投喂,每天 2 次,连喂 4 ~ 6 天。

21. 艾蒿(图 2 - 21)

图 2 - 21　艾蒿

【特性】多年生草本,茎直立,具明显棱条,密生白色短绒毛,侧生细枝,叶互生。高 60 ~ 80 厘米,直径 0.3 ~ 0.8 厘米。生长在荒地或池边。

【药用部分】全株。

【有效成分】桉树脑、多种维生素、矿物质和生长因子。

【性能和主要功效】止血、治恶疮、消炎、杀虫。

【防制对象及使用方法】可防制肠炎、烂鳃病。将艾蒿按每立方米30克,扎成捆(每捆10~20千克)浸泡池角或池边,隔1周后将成捆的马尾松枝叶翻动1次,浸泡20天左右,把未泡烂的枝叶从池中捞出。也可将干艾蒿粉按每万尾鱼种100克,加干辣蓼粉1 000克制成药饵,每天喂1次,连喂4天。

22.角蒿(图2-22)

图2-22　角蒿

【特性】一年生草本,茎略弯,叶互生,高30~90厘米,直径0.3~0.8厘米,生长在荒地、路边和河岸。

【药用部分】全株。

【有效成分】青蒿素。

【性能和主要功效】治恶疮、消炎、杀虫。

【防制对象及使用方法】同艾蒿。

23.青蒿(图2-23)

图2-23　青蒿

【特性】草本,茎表面有纵浅沟,幼时褐色,老时黄褐色,根生叶及下部叶在开花时凋落,叶抱茎,卵形,高 1~1.5 米,生长在路旁、荒野或荒地。

【药用部分】地上部分。

【有效成分】青蒿素、双氢青蒿素。

【性能和主要功效】解热、消炎。

【防制对象及使用方法】同艾蒿。

24. 马尾松(图 2-24)

图 2-24　马尾松

【特性】常绿大乔木,松皮红褐色或灰褐色,易剥落,叶针形,深绿色,树高 20~30 米,叶长 10~20 厘米。生长于阳光充足的山地或平原,我国大部分地区都有分布。

【药用部分】枝和叶。

【有效成分】松树油。

【性能和主要功效】灭菌、杀虫。

【防制对象及使用方法】可防制肠炎、烂鳃,并对鲺、鲻等寄生虫也有一定疗效。将马尾松枝叶按每立方米水体 30 克,扎成捆(每捆 10~20 千克)浸泡池角或池边,隔 1 周后将成捆的马尾松枝叶翻动 1 次,浸泡 20 天左右,把未泡烂的枝叶从池中捞出。

六、生物制品和免疫激活剂

1. 生物制品

用微生物及其代谢的产物、动物毒素或水生动物的血液及组织加工制成的产品。生物制品包括抗病血清、诊断试剂和疫苗等,可用于预防、治疗或诊断特定的疾病。它多为蛋白质,性质不稳定,一般都怕热、怕光,有些还不可冻结,需储存于 2～10℃干燥暗处。

2.免疫激活剂

主要是促进机体免疫应答反应的一类物质,一般均为非生物制品。免疫激活剂按其作用机制分为两大类:一类是改变疫苗免疫应答的物质,促使疫苗产生,增强或延长免疫应答反应,这就是佐剂,一般与疫苗联合使用或预先使用;另一类是非特异性的免疫激活剂,免疫激活剂可激发鱼类体内特异性和非特异性防御因子的活性,增强机体的抗病力。

七、抗霉剂、抗氧化剂、麻醉剂和镇静剂等

1.抗霉剂

为了抑制微生物活动,减少饲料腐败变质,而在饲料中添加的保护物质,如山梨酸。

2.抗氧化剂

为了阻止或延缓饲料氧化,可在饲料中添加的物质,如乙氧基喹。

3.麻醉剂和镇静剂

在人工授精和活体运输中使用的药物,如间氨基苯甲酸乙酯甲磺酸盐(MS 222)、丁香酚等,其作用是降低机体代谢机能和活动能力,减少和防止机体受伤。

第三章 鱼病类症鉴别关键技术

　　鱼病的类症鉴别主要包括:萎缩、皮肤出血、鳃组织损伤、肠组织损伤、肝组织病变等项目。

　　萎缩是指因患病或受到其他因素作用,正常发育的细胞、组织、器官发生物质代谢障碍所引起的体积缩小及功能减退现象。皮肤出血指皮肤毛细血管扩张,扩张的血管多为小静脉或小动脉,在皮肤上出现红丝状、网状或星状损害。使得全身皮肤充血,红肿。鳃组织损伤指鱼类鳃组织结构遭到病原体的破坏,不能进行正常的气体交换而出现呼吸困难的现象。肠组织损伤指鱼类肠组织结构遭到病原体的破坏,不能进行正常消化和吸收而出现的病变。肝组织病变指由病原体感染、营养不平衡等因素引起鱼类肝组织结构改变、功能下降等现象。

第一节 萎缩

萎缩是指因患病或受到其他因素作用,正常发育的细胞、组织、器官发生物质代谢障碍所引起的体积缩小及功能减退现象。

【萎缩类别】

1. 营养不良性萎缩

营养不良性萎缩是由蛋白质摄入不足或者血液等消耗过多引起。如冠状动脉粥样硬化时因慢性心肌缺血引起心肌萎缩,再如脑缺血,引起脑组织萎缩。可由全身或局部因素引起。全身营养不良性萎缩见于长期饥饿、消化道梗阻、慢性消耗性疾病及恶性肿瘤等,由于蛋白质摄入不足或者血液等消耗过多引起全身器官萎缩,这种萎缩常按一定顺序发生,即脂肪组织首先发生萎缩,其次是肌肉,再其次是肝、脾、肾等器官,而心、脑的萎缩发生最晚。局部营养不良性萎缩常因局部慢性缺血引起,如脑动脉粥样硬化引起的脑萎缩。

2. 神经性萎缩

神经性萎缩因运动神经元或者轴突损害引起效应器萎缩。例如,患疯狂病鲢鱼的背鳍后缘显著减小,尾柄瘦小,正常鲢鱼的头长为尾柄高的 2.2 ~ 2.3 倍,病鱼为 2.95 倍。

3. 压迫性萎缩

压迫性萎缩是组织或器官长时间受压迫所致。被压迫部分除受压力的直接作用外,受压的器官组织的功能、代谢和血液循环障碍,也是引起萎缩的原因。引起萎缩的压力不一定很大,但必须持久。如患舌形绦虫病的鲫鱼,体壁和内脏均萎缩。

4. 废用性萎缩

废用性萎缩是器官长时间功能和代谢下降所致。这种萎缩与神经调节和营养作用有密切的关系。

【临诊特点】肉眼观察,萎缩器官如肝、脾、肾等一般保持其固有形态,仅仅见体积缩小,边缘变薄,质地变硬,重量减轻,被膜增厚,有时皱缩。空腔器官如胃肠道严重萎缩时,管壁变薄,呈半透明状,撕拉时容易脆裂。光镜下,萎缩器官的实质细胞体积缩小,胞浆致密,染色较深。萎缩的肝脏细胞中常见脂褐色沉着。电镜下,萎缩器官的细胞内,除溶酶体之外,其他细胞器量减少,形体缩小,且胞浆内自噬泡增多。萎缩的细胞和组织、器官功能大多下降,并通过减少细胞体积与降低的血供,使之在营养、激素、生长因子的刺激及神经递质的调节之间达成了新的平衡。去除病因后,轻度病理性萎缩的细胞有可能恢复常态,但持续性萎缩的细胞最终可死亡。在实质细胞萎缩的同时,间质成纤维细胞和脂肪细胞可以增生,甚至造成器官和组织的体积增大,此时称为假性肥大。

【可能疾病】尾瘪病、营养不良病、疯狂病、舌状绦虫病等。

第二节　皮肤出血

皮肤出血指皮肤毛细血管扩张,扩张的血管多为小静脉或小动脉,在皮肤上出现红丝状、网状或星状损害。使得全身皮肤充血,红肿。

【皮肤出血类别】

1. 斑疹

斑疹是局部或泛发性皮肤出现红色斑块,斑块与皮肤相平或稍突起。

2. 水泡

高出皮肤表面,内含非脓性液体的泡状隆起称为水泡,如水泡病等。

3. 糜烂与溃疡

丘疹、水泡或脓疱破溃形成的浅表性缺损为糜烂。深而重的糜烂,其创面真皮缺损,皮肤呈现凹陷的称为溃疡。

4.坏死与脓肿

皮肤组织的病理性死亡称为坏死。真皮和皮下组织内局限性化脓性炎症称为脓肿,如皮下注射不慎引起的化脓。

5.皮肤水肿

皮肤和皮下组织之间滞留大量液体,使皮肤表面呈肿胀状态称为水肿。

6.机械损伤

指因运输和捕捞等所致的机械性损伤。

【临诊特点】

1.急性型

患病初期的病鱼皮肤和内脏有明显的出血性发炎,皮肤红肿,身体的两侧和腹部由于充血发炎,出现不同形状和大小的浮肿红斑;鳍的基部发炎,鳍条间组织破坏,形成"蛀鳍",肛门红肿外突,全身竖鳞,鳃苍白,全身浮肿;随着病情的发展,病鱼行动迟缓,离群独游,有侧游现象,有时静卧水底,呼吸困难,不食不动,最后尾鳍僵化,失去游动能力,不久死亡。

2.慢性型

开始皮肤表层局部发炎出血,表皮糜烂,脱鳞,而后形成溃疡,肌肉坏死,邻近组织发炎,呈现红肿,有时局部竖鳞,鳍充血,有自然痊愈的,也有因此而死亡的。慢性型发病过程长,可拖延至 45~60 天或更长一些时间。死亡之前,常伴有全身水肿,腹腔积水,眼球突出,有的出现竖鳞。

【可能疾病】病毒性出血病、应激性出血病、暴发性流行病、鲤春病、赤皮病、打印病、竖鳞病、疖疮病、烂尾病等。

第三章

第三节　鳃组织损伤

鳃组织损伤指鱼类鳃组织结构遭到病原体的破坏,不能进行正常的气体交换而出现呼吸困难的现象。

【鳃组织损伤的类别】

1. 细菌性损伤

病鱼鳃丝被细菌侵蚀,腐烂并带污泥,严重时鳃丝软骨外露,鳃盖内表皮被腐蚀,形成一个透明"小窗"(俗称开天窗)。

2. 真菌性损伤

鳃组织被真菌侵蚀破坏,呈不规则白点状,失去正常的鲜红色,色泽苍白,病情严重的鱼鳃长满棉絮状物,像一块小棉球。

3. 寄生虫性损伤

鳃组织被大量寄生虫寄生时,病鱼鳃丝黏液增多,鳃丝全部或部分成苍白色,妨碍鱼的呼吸。

4. 环境因子等其他因素损伤

由 pH、氨、氮等水环境因子的改变引起的鳃组织损伤。

【临诊特点】病鱼体色发黑,尤其是头部,江浙渔民称为乌头瘟。病鱼独自在池边或浮于水面慢慢游动,反应迟钝,呼吸困难,食欲减退,病情严重时,离群独游水面,不吃食,对外界刺激失去反应。鳃丝末端腐烂、充血,有时被成块的污物和泥土黏着,严重时鳃丝被侵蚀成柱状,鳃骨外露发白,鳃盖骨内外层同时被腐蚀时远看呈空洞状,南方称为开天窗。因此,鱼常聚集水车、增氧机周围或在池塘边静卧。鲤、鲫鱼种患此病时鳃严重贫血呈白色,或鳃丝呈红白相间的花瓣鳃现象,常有蛀鳍、断尾情况。病鱼因器官溃烂而影响呼吸功能,从而导致死亡。肝脏、脾脏微肿、充血,肠道发炎,肾水肿。发病虾蟹鳃丝被侵蚀,呼吸受阻。病虾常游到浅水处俯伏不动。病蟹上岸不肯下水,不吃食,不脱壳,或脱壳不遂而死亡,常与肝脏病、肠炎病等并发,发病率50%左右,死亡率30%～40%。

【可能疾病】细菌性烂鳃病、鳃霉病、三代虫病、指环虫病、车轮虫病、中华鳋病、盘虫病等。

第四节　肠组织损伤

肠组织损伤指鱼类肠组织结构遭到病原体的破坏,不能进行正常消化和吸收而出现的病变。

【肠组织损伤的类别】

1. 病毒性损伤

由病毒感染引起的肠组织结构破坏(如肠道充血)的现象,如草鱼出血病。

2. 细菌性损伤

细菌感染引起的肠组织结构破坏,如肠黏膜脱离、肠壁变薄、肠壁弹性差等。

3. 寄生虫性损伤

肠道寄生虫寄生在肠道内,吸取肠道中的营养,并引起肠壁发炎,病鱼贫血,以至死亡。

【临诊特点】此病以腹部膨大、肛门外突红肿、轻压腹部或有黄色黏液从肛门流出为特征。剖开鱼腹和肠管,肉眼可见肠壁充血、发炎,肠壁弹性较差,肠腔内没有食物或仅在肠的后段有少量粪便,肠壁出血严重的肠腔黏液中常有成片脱落的上皮细胞及大量红细胞;或有大量寄生虫时,肠道被堵,被堵的肠膨大成硬的球状,并引起肠壁发炎,病鱼贫血,以至死亡,见肠外壁局部充血,部分鱼肠有出芽状突起,大小不一,芽状部分较肠管部分硬实,肠内充满白色脓样黏液,病灶部位充满虫体。

【可能疾病】病毒性出血病、暴发性流行病、细菌性肠炎病、球虫病、绦虫病、毛细线虫病、长棘吻虫病、强壮粗体虫病等。

第五节　肝组织病变

肝组织病变指由病原体感染、营养不平衡等因素引起鱼类肝组织结构改变、功能下降等现象。

【肝组织损伤的类别】肝组织病变发生的原因,从病理学的角度来分析,主要可分为两大类:一类为原发性肝病,主要由细菌和病毒所引起;一类为继发性肝组织病变,主要由于其他的病变、营养不良和药物所引起。从目前所了解到的情况,来源于原发性的肝病较少发生,还没有见到成功地分离出肝病的致病菌或病毒的报道(例如像人类的甲肝病毒、乙肝病毒等),也就是说,目前所发生的肝病主要是继发性肝病。引起目前鱼类肝病高发的因素主要有以下几点:

1. 药物引起

肝脏的主要功能之一是解毒,由于目前养殖鱼类基本上是混养,在消毒处理和预防寄生虫方面,基本上都是使用一些毒副作用较大的药物(例如消毒用的大都是含氯制剂,使用到水体以后会产生致癌的胺类;杀虫使用的是菊酯类和有机磷类,本身对鱼类都有较高的毒性),这些药物使用后,如果使用的频率较高或使用的剂量较大,都会加重肝脏的负担,造成肝细胞的损伤甚至坏死,从而引起肝脏病变。

2. 环境引起

在一些养殖区,水环境的极度恶化,加之池塘水系设计得不合理,水环境中的有毒有害物质往往被不经意间加入池塘(例如加水),造成池塘内的水质恶化,加重肝脏的解毒负担。同时,由于对池塘管理水平的落后,特别是有机肥的大量使用和无机肥的不合理使用以及对池塘内残余物的不清理或不及时清理,都能造成池塘水体的恶化,使池塘水体的有毒有害物质上升,长期使鱼类处于一种较恶劣的环境,使肝脏的解毒功能长期处于一种高负荷的状态,造成肝细胞的损伤甚至坏死,从而引起肝脏病变。

3. 饲料引起

集约化养殖的鱼类基本上就是投喂人工饵料。由于其本身的经济价值不高,所使用的人工饵料也是一些价位较低的品种,使用的饲料品种也较单一,特别是在一些地区使用的是农副产品,尤其是大量使用菜粕和棉粕,且在使用过程中又没有经过脱毒处理,大量的有毒有害物质均被鱼类摄食,从而加重了鱼类肝脏的负担,引起肝脏的病变。

【临诊特点】肉眼可见肝胰脏花斑状、肝胰脏肿大、肝胰脏萎缩、肝胰脏充血。

【可能疾病】暴发性流行病、水生生物引起的中毒、营养不良病、化学物质引起的中毒等。

第四章　鱼常见病害防控关键技术

　　鱼的常见病害主要包括:病毒性病害、细菌性病害、真菌性病害、寄生虫性病害以及非寄生性病害。

　　病毒病对鱼类造成危害很大,因病毒在机体细胞内增殖,所以使用常规药物难以做到有效治疗,通常的办法是使用免疫疫苗进行预防。细菌性疾病常表现出较为明显的临床表现症状,死亡量大或不间断的持续死亡是其重要的特点,不论是在季节交替时还是在连续阴雨天气和高温养殖期经常发生。一般情况下,真菌性疾病的发生常与机械损伤、适宜的水温等密切相关(如水霉病),有时也因细菌感染而继发感染真菌病(如鳃霉病)。随着水产养殖业的快速发展,鱼类寄生虫病的危害也日趋严重,使防制工作难度加大。因此应该深入开展鱼类寄生虫病的区系调查,弄清其种类、分布、流行病学和预防等特点,对某些致病性强、危害严重的寄生虫,要搞清其生活史,研制综合性防制措施。凡由机械、物理、化学及非寄生性生物所引起的疾病,称为非寄生性疾病,非寄生性疾病可对水产养殖业造成巨大的损失,生产实践中一定要重视。

第一节　病毒性疾病安全防控关键技术

病毒性疾病多发于季节更替(如草鱼病毒性出血病)、水质突变(如鳜鱼虹彩病毒病)、气温骤变(如对虾病毒病)等环境突变的情况下,也有与寄生虫病、细菌性疾病同时并发的情况。突发性强、死亡率高、难以治愈是病毒性疾病的重要特点。病毒病对鱼类造成危害很大,因病毒在机体细胞内增殖,所以使用常规药物难以做到有效治疗,通常的办法是使用免疫疫苗进行预防,也可通过投喂提高免疫力的药物(如穿梅三黄散、芪参免疫散等)进行预防,重要的是如何减少养殖过程中的环境胁迫,改善鱼类的生存环境。

一、草鱼出血病

草鱼出血病是鱼种培育阶段一种流行地区广泛、流行季节长、发病率高、死亡率高、危害性大的病毒性鱼病,对草鱼的养殖危害很大。

【流行情况】草鱼、青鱼均可发病,除能感染草鱼外,还能感染青鱼、麦穗鱼、布氏餐条和鲢等,并能使这几种鱼出现出血病症状而死亡。该病主要危害当年鱼种,从2.5~15厘米大小的草鱼都可发病,一足龄的青鱼也可发病,有时二足龄以上的大草鱼也患病。此病流行范围广,全国各地均有发生,主要流行于长江流域和珠江流域;流行季节长,集中流行于6~9月,水温在27~30℃最为流行;发病率高,流行严重时,发病率达30%~40%;死亡率高,通常可达50%,最严重时高达90%以上。当水质恶化、水中溶氧低、透明度低,水中总氮、有机氮、亚硝酸态氮和有机物耗氧量高,水温变化大,鱼体抵抗力低下,病毒的数量多及毒力强时,在水温12℃和34.5℃可有发病。

人工感染健康草鱼鱼种,从感染到发病死亡需4~15天,一般病程为7~10天。从环境条件来看,在浅水塘、高密度草鱼单养池发病常为急性型,来势凶猛,发病后3~5天内即出现大批死亡,10天左右出现死亡高峰,2～3周后,池中草鱼有大部分死亡。在稀养的大规格鱼种池发病常为慢性型,病情发展缓和,每天死亡数尾至十多尾,死亡高峰一般不明显,但病程较长,常可持续到10月。此病如遇恶劣天气,大多为急性型。该病病程分潜伏期、前趋期和发展期3个阶段。

1. 潜伏期

从病毒侵入到鱼体出现症状这段时间称潜伏期。草鱼出血病的潜伏期为3～10天,在此期间内,鱼的外表不显示任何症状,活动与摄食正常。潜伏期的长短与水温、病毒的毒力和侵入鱼体的病毒数量多少、鱼体的抵抗力、水环境等有密切关系。如果水温高病毒毒力强、侵入鱼体的病毒数量多、鱼体抵抗力差、水环境差,潜伏期则短;反之,潜伏期则长。

2. 前趋期

前趋期的特征是病鱼已经开始出现疾病,但不够明显,出现的症状还不是草鱼出血症特有症状。草鱼出血病的前趋期一般仅1～2天。此期病鱼体色发暗、发黑,离群独游,摄食减少或停止摄食。

3. 发展期

发展期病鱼有了明显的机能、代谢或形状的改变,也称为高潮期,一般为1～2天,此期病鱼表现充血、出血症状,并死亡。

【病原】草鱼出血病病原为草鱼呼肠孤病毒和草鱼小RNA病毒感染。病毒对氯仿、乙醚等有机溶剂有一定的抗性,对酸、碱处理不敏感。

【症状】患病初期,病鱼食欲减退,体色发黑,尤其头部,有时可见尾鳍边缘褪色,好像镶了白边,有时背部两侧会出现一条浅白色带,随后病鱼即表现出不同部位的出血症状。口腔、上下颌、头顶部、眼眶周围、鳃盖、鳃及鳍条基部充血,有时眼球突出;剥除鱼的皮肤,可见肌肉呈点状或斑块状充血、出血,严重时全身肌肉呈鲜红色,这时鳃常贫血、发白而呈白鳃;肠壁充血和出血而呈鲜红色,肠内无食物;肠系膜及其周围脂肪、鳔、胆囊、肝、脾、肾也有出血点或血丝;个别情况,鳔及胆囊呈紫红色;当肌肉出血严重时,肝、脾、肾的颜色常变淡。

但并非每条鱼均出现上述症状,根据病鱼所表现的症状和病理变化,大致可分为 3 种类型:

1. 红肌肉型

病鱼外表无明显的出血症状或仅表现轻微出血,但肌肉明显充血,往往全身肌肉均呈红色,鳃瓣则严重失血,出现白鳃。一般在较小的(7~10 厘米)的草鱼种中出现。

2. 红鳍红鳃盖型

病鱼的鳃盖、鳍基、头顶、口腔、眼眶等明显充血,有时鳞片下也有充血现象,但肌肉充血不明显,或仅局部出现点状充血。这种类型一般见于在较大的草鱼种(体长 13 厘米以上)上出现。

3. 肠炎型

病鱼体表及肌肉的充血现象均不明显,但肠道严重充血。肠道部分或全部呈鲜红色,肠系膜、脂肪、鳔壁等有时有点状充血。肠壁充血时,仍具韧性,肠内虽无食物,但很少充有气泡或黏液。这种类型在各种规格的草鱼种中都可见到。

3 种类型并不能截然分开,有时可混杂出现,诊断时须加以注意。

【诊断要点】

1. 目视观察法

根据临诊症状及流行情况进行初步诊断。外部症状一般微带红色,小鱼种在阳光或灯光透视下,可见皮下充血。将病鱼皮肤剥开,肌肉有的显示点状或块状充血,有的全身肌肉呈充血现象,鳃部贫血,出现白鳃,也可能出现鳃瓣呈斑状充血,但有的病鱼鳃部无此症状。内部器官的症状常见的是肠道充血,全肠或局部因充血而呈鲜红色,肠系膜和周围脂肪,也常伴有明显的点状充血,但肠道平滑肌一般仍完好,无腐烂或水肿等情况出现。

上述所有症状,一尾鱼通常出现其中的两种或几种,检查时需要全面仔细地检查病鱼体外和体内各个组织器官。如果出血症状明显,或者有几种症状表现,可初步断定为草鱼出血病。

2. 草鱼出血病和细菌性肠炎病的区别

活检时草鱼出血病的肠壁弹性较好,肠腔内黏液较少,严重时肠腔内有大量红细胞及成片脱落的上皮细胞;而细菌性肠炎病的肠壁弹性较差,肠腔内黏液较多,严重时肠腔内有大量黏液和坏死脱落的上皮细胞,红细胞较少。

3. 草鱼出血病和细菌性败血症的区别

草鱼出血病主要危害草鱼、青鱼的鱼种;细菌性败血症则危害团头鲂、鲫、鲢、鳙等多种淡水鱼的鱼种和成鱼。

4. 病理诊断

采集病鱼的血液、内脏进行组织化学分析。根据病理变化可做出进一步诊断如患出血病的鱼,小血管壁广泛受损,形成微血栓,同时引起脏器组织梗死样病变;在肝细胞等的胞浆内可以看到嗜酸性包涵体;超薄切片用透射电镜观察,在胞浆内可以看到球形病毒颗粒;血液中红细胞数、血红蛋白量及白细胞数均非常显著地低于健康鱼。

【破解方案】从人工感染健康草鱼种的情况来看,病鱼的前趋期和发展期一般很短,若此时再予治疗,恐怕为时已晚。因此,该病一旦发生,通常意味着严重的经济损失,故要强调预防。

1. 预防

清除池底过多的淤泥,并用下列任何一种药物进行消毒:每亩用生石灰 200 千克、漂白粉(含有效氯 30%)13 千克、漂粉精(含有效氯 60%)7 千克、优氯净 7 千克、强氯精 7 千克。

鱼种下塘前,要严格消毒,可用每立方米水体加 500 毫升 1% 聚维酮碘溶液药浴 20 分,如果水的 pH 高,则需要加 600~1 000 毫升。或用 10 毫克/升浓度的次氯酸钠处理 10 分。

加强饲养管理,进行生态防病,定期加注清水,泼洒生石灰或强氯精进行水体消毒,每亩水深 1 米用生石灰 10~15 千克或强氯精 150~200 克。

高温季节注满池水,以保持水质优良,水温稳定。投喂优质、适口饲料。

人工免疫预防:目前,比较有效的预防方法是用草鱼出血病灭活疫苗进行人工免疫预防,目前主要有两种方式进行免疫。①浸洗法。用尼龙袋充氧,以 0.5% 浓度的草鱼出血病灭活疫苗,加浓度 10 毫克/升莨若碱,在20~25℃水温下浸泡3小时,免疫成活率可达78%~92%;也可用低温活毒浸泡免疫法,以草鱼出血病或弱毒作抗原,在13~19℃条件下浸泡草鱼种,保持25天以上,可使草鱼种获得免疫力,成活率达82%。②注射法。当年鱼种注射时间为6月中下旬,6厘米以上草鱼即可注射。采用腹腔注射或背鳍基部注射,8厘米以上鱼种为0.3~0.5毫升;20厘米以上的,每尾注射疫苗1毫升左右。

免疫产生的时间随水温的升高而缩短,10℃时需30天,15℃时20天,当水温20℃以上时只需4天;免疫力可保持14个月以上。

药物预防:在流行季节,每月投喂下列药饵1~2个疗程,有一定的防制效果。①每100千克鱼每天用0.5千克大黄、黄芩、板蓝根(单用或全用均可),再加0.5千克食盐拌入饲料或制成颗粒料投喂,连喂7天。②每万尾鱼种用大黄或枫香树叶0.25~0.5千克,研成粉末,煎煮或用热开水浸泡过滤,与饵料混合投喂,连服5天。③金银花0.5千克、菊花0.5千克、大黄0.5千克、黄柏1.5千克,共研成细末备用。每亩水面平均水深1米,用上述细末0.75千克,混合后,加水适量,全池泼洒。或者取金银花75克、菊花75克、大黄375克、黄柏225克,加水适量,煎煮15~20分,加食盐1.5千克,混合后,再加水适量,连液带渣全池泼洒。④植物凝血素(PHA)是一种非特异性的促淋巴细胞分裂素,可促使机体的细胞免疫功能,并调整体液免疫功能,因而对草鱼出血病有治疗效果。口服PHA后治疗草鱼出血病成活率可达90%,浸泡成活率可达60%。

采用养双季草鱼种的生态学预防方法,具体方法是:从5月下旬到7月底养成第一茬草鱼种,以草鱼为主搭配鲢鳙鱼。从8月初到10月为第二茬养殖,草鱼作为搭配鱼放养。放养密度要合理,规格大的可适当稀放,规格小的可适当放密些。因为在7月底前就已经养成第一季草鱼种,因而可以大大降低草鱼出血病的发病率。

2. 治疗

在疾病早期,外泼消毒药2~4次,同时内服药饵7~10天,有一定的疗效。

(1)外用药 下列方法任选一种:①每亩用2%二氧化氯700毫

升,用柠檬酸盐活化后全池泼洒。②每亩用10%聚维酮碘0.2～0.5毫升,全池泼洒。

（2）内服药　任选以下方法中的一种:①每100千克鱼用大青叶、贯众各300克,板蓝根、野菊花苗各200克,对患红肌肉型和红鳍红鳃盖型出血病者另加金银花、连翘各200克,对患肠炎型出血病者另加黄连、地榆各300克,研粉或煎水拌料连喂3天,有一定的治疗效果。②每100千克鱼用仙鹤草、紫珠草、大青叶各500克,海金砂200克,大黄与板蓝根各800～1 000克,磺胺嘧啶10克,将中草药捣碎煎煮成汁,与磺胺嘧啶拌匀,然后拌入饲料投喂,连喂4～5天。③每万尾鱼种用大黄粉500克,直接拌入饲料或水煎后拌入饲料投喂,连喂4天。

二、传染性胰腺坏死病

传染性胰腺坏死病(IPN)是鲑科鱼类鱼苗、幼鱼的一种高度传染性和急性病毒性疾病。

【流行情况】此病危害对象主要为鲑科鱼类的稚鱼,不仅危害大西洋鲑、虹鳟、北极红点鲑、棕鳟和几种太平洋大麻哈鱼类,还危害一些养殖的海水鱼类。多为14～70日龄的稚鱼发病,即开食14天后开始大批死亡,死亡率高达80%～100%。70日龄以后很少死亡,一足龄鱼虽然也会患病,但一般病情较轻,全长超过15厘米的鱼,发病的可能性较小,但仍可被感染,不引起临床发病和死亡,呈隐性感染。暴发季节一般在春季,水温10℃时最易感染,死亡率极高。

【病原】传染性胰腺坏死病的病原体为传染性胰腺坏死病毒。病毒对外界环境的抵抗力极强,对热稳定,耐酸,对脂溶剂、EDTA及胰酶不敏感,可以在多种冷水性鱼类的细胞株中增殖,并使细胞产生病变,而在温水性鱼类的细胞株中不增殖,也不出现细胞病变。

传染性胰腺坏死病的传播:最重要的传染源是带病毒的成鱼,病后残存的鱼可以数年乃至终身成为带毒者。从肾、脾、肝、卵巢、精巢、粪便中都可以检出此病的病毒,其中以肾脏的检出率为最高。

水平传播途径感染是指多种携带传染性胰腺坏死病毒的传染源在不同水体之间和同一水体中水平传播病毒。水体中生物和非生物体都有可能成为携带病毒的传染源,将病毒传播给对传染性胰腺坏死病毒易感的宿主。传染性胰腺坏死病潜在的传染源或机械携带者包括养殖环境里的各种鱼类、池塘里的沉淀物、寄生虫、甲壳类、浮游生物、鸟类和哺乳动物。在水体中自然感染传染性胰腺坏死病毒的患病鱼大多数是经口摄入而感染的,发病后残存未死的鱼,可数年以上乃至终身成为带毒者,并通过粪便传播病毒。

传染性胰腺坏死病的垂直传播途径感染是指传染性病原由亲代传播给子代,隐性感染鱼经卵、精液排出病毒,病毒虽然不能进入精子和卵细胞内,但能够黏附于精子表面和卵膜外传播给子代引起感染。因此,从带有病毒的成鱼通过人工授精得到的卵往往是被病毒污染的,随卵一同被挤出或排出的卵液中含有比卵上更多的病毒。

同时,自然感染不只限于鲑科鱼类,许多非鲑科鱼类、贝类、甲壳类及鱼类的寄生吸虫,约20个科的成员可被感染,但大多数为无症状的带毒者,这些都是传染源。

【症状】该病有急、慢性之分,急性型病鱼在几天内全部死亡,慢性型则每天持续少量死亡。患急性型的病鱼体色无大的变化,肛门拖一条灰白色黏液便,常忽然狂游、翻滚、旋转,一会儿沉入水底,一会儿又重复回转游动,直至死亡。发病迅急,一般从开始回转游动至死亡仅 1～2 小时。胸腹部呈紫红色,鳍基部及体表充血。

慢性型的病鱼体色变黑,眼球突出,腹部膨大,有腹水,鳍基部及体表充血、出血。病鱼常停于水底或分水口的网栅两侧,游动缓慢,不吃食。

解剖病鱼,可见病死鱼肝、脾褪色、肿大、贫血,肝胰腺有出血及坏死灶;卡他性肠炎,消化道无食物,可见黄色或灰白色黏液物;胃肠黏膜脱落,幽门下垂、出血或坏死;生殖器和内脏脂肪组织有出血点。感染后幸存的鱼可不再发病,但是终生带毒,组织切片可见胰脏严重坏死。

【诊断要点】

1.目视观察法

根据症状及流行情况进行初步诊断。首先,传染性胰腺坏死病主要危害溪鳟、虹鳟、银大麻哈鱼的鱼苗,较大的鱼可抵抗感染。病鱼激烈地水平旋转后下沉死亡,眼球突出,体表发黑,腹部膨胀。解剖病鱼内脏器官通常苍白,尤其是肠道没有食物,而有许多在 5% ~ 10% 福尔马林中不凝固的黏液样物质,胰脏点状出血、坏死或透明状退化,这些可增加此病诊断的正确性。同时,还必须调查鱼卵、鱼种的来源,水源状况,发病史,这种方法可在现场紧急情况下且没有其他诊断方法时应用。

2. 显微镜观察法

显微镜观察法是最为直观的检测病毒性病原的方法。病鱼的胰脏组织切片,显微镜检查,可见胰脏坏死,胞浆内有包涵体。超薄切片、透射显微镜检查可看到六角形病毒颗粒。但显微镜观察法操作复杂,需要较严格的实验条件和较高超的实验技术、样品处理时间也过长,不能用于生产实践中的快速诊断以及大量样品的检测,仅适用于实验室研究。

3. 细胞培养方法

细胞培养技术是病毒学研究的基础,也是用于病毒诊断的基本方法之一。用虹鳟性腺细胞细胞株分离病毒,15℃培养 4 天后染色,可以看到空斑及细胞病变,根据空斑和细胞病变特点,可以做出进一步诊断。病变细胞的核固缩,细胞变长,相互分离,并脱离瓶壁;对病毒抵抗力强的细胞,核虽已固缩,但仍贴在瓶壁上,因此空斑大多呈网状,特别是空斑的边缘,健全和变性的细胞相互混杂。

4. 最后确诊

(1)中和试验　由于传染性胰腺坏死病毒的血清型很多,作为诊断有必要使用多价抗血清。

(2)补体结合法　采用已知病毒可溶性抗原以测定病鱼血清中有无相应抗体。此法特异性较中和试验低,但由于补体结合抗原出现早、消失快,故可用于早期诊断。

(3)直接荧光抗体法　能迅速正确地检出在组织及培养细胞内的病毒,用虹鳟性腺细胞,20℃培养 3 ~ 4 小时就可检出,且血清型不同株间不会引起交叉反应。

(4)酶联免疫吸附试验　在发病季节,可在 3 小时内确诊流行病是否由此病毒引起,鱼卵可在 48 小时左右确定是否被传染性胰腺坏死病毒污染。对外观无症状的成年鱼可在 24 小时左右检测血中是否有抗传染性胰腺坏死病毒的抗体。该方法速度快,灵敏度高,特异性强,操作方便,可在野外应用。

(5)斑点酶联免疫吸附试验　具有简便、快捷、不需要特殊仪器、结果可长期保存的优点。可检测低于每毫升 0.1 微克的病毒抗原,每个样品仅用 1 ~ 2 微升即可得到阳性结果,整个过程只需 4 小时左右。

(6)免疫过氧化物酶技术　该方法特异性强、快速、简便,可作为早期检测和诊断用。

【破解方案】此病治疗十分困难,应以预防为主。

1. 预防

(1)消除传染源,切断传播途径　①严格执行检疫制度,对引进的鱼卵必须进行检疫和消毒。对发眼鱼卵用浓度为 50 毫克/千克的碘附浸泡 15 分。②严格隔离病鱼,不可留作亲本,也不得将带病的鱼卵、鱼苗、鱼种和亲鱼引入或输出。③发现疫情,应果断将鱼池中的病鱼销毁,并进行严格消毒。被污染鱼池每亩用强氯精 300 ~ 500 克或生石灰 100 千克干塘消毒,被污染的工具用 2% 福尔马林或 pH 为 12.2 的氢氧化钠水溶液消毒 10 分。④在养殖池上用拉网等方法阻止鸟类和昆虫接近养殖池塘。

(2)增强养殖鱼体质,提高养殖鱼抗病能力　①供给优质的饵料,定时定量投喂,科学合理地饲养管理。可通过投喂添加 5 克/千克葡聚糖或 5 克/千克壳聚糖的饲料,连喂 7 天,激活鱼类的免疫系统,提高鱼体的免疫力。另外,生物碱、酮类、有机酸等口服后也能有效激活鱼类的免疫系统。②加强水质管理,创建一个优良的养殖环境。养殖环境不良,不仅影响鱼的生长发育,也会降低鱼的抵抗力,容易感染多种疾病。

另外,建立基地,培育无传染性胰脏坏死病毒的鱼种,严禁混养未经检疫的其他种类的鱼。用传染性胰脏坏死病灭活疫苗浸浴、口服或注射方法免疫易感鱼类的苗种。每 100 千克鱼投喂 6 毫克植物血细胞凝集素,拌饲分 2 次投喂,间隔 15 天,对预防传染性胰脏坏死病有一定效果。

2. 治疗

本病尚无有效的治疗措施,疾病早期,外泼消毒药 2~4 次,同时内服颗粒饲料药饵 7~10 天,有一定的疗效。如已发病可试用以下方法:

(1)外用药　全池泼洒二氧化氯,每亩水体用药 700 克(先加柠檬酸活化)。

(2)内服药　①刚开始发病时,可用聚维酮碘拌饵投喂,每千克饲料每天用有效碘 1.64~1.91 克,连喂半月,可控制病情发展。②大黄研成粉末,经煎煮或热开水浸泡过夜,以每万尾鱼0.25~0.5千克的剂量拌饵投喂,对此病有一定的治疗效果。③每千克饲料中加大黄、板蓝根各 200 克,煎水后拌饵投喂,连喂 7~10 天。

另外,有条件的地方,可通过降低水温(10℃ 以下)或提高水温(15℃ 以上)来控制病情发展。

三、病毒性出血败血症

病毒性出血败血症,又名鳟鱼腹水病、埃格特维德病、肝肾肠道综合征、流行性突眼病、出血性病毒败血症、传染性贫血、传染性肾肿大和肝变性、传染性肾水肿和肝变性、新鳟鱼病、恶性贫血等。病毒性出血败血症是引起虹鳟等鱼类大批死亡的一种危害严重的鱼病。广泛流行于欧洲,是口岸检疫的第一类检疫对象。

【流行情况】本病主要危害在低温季节淡水中养殖的虹鳟,身长 5 厘米、体重200~300 克的商品鱼受害最严重,人工感染可使美洲红点鲑、河鳟、湖红点鲑、白鲑等发病。

重要的传染源是带病毒的鱼,病毒在池水中可长期保持侵染力。因此,发病池的水、底泥及池内的大脊椎动物上都可能残留病毒颗粒,成为传染源。病毒通过病鱼的排泄物排出体外而污染水,经健康鱼的鳃进入鱼体而感染。鱼的移动和污染的饲料均可传播本病。该病病毒不耐高温,人工喂养海鸥,在其排泄物中查不到病毒颗粒,因此不可能通过鸟或其他温血动物传播(携带病毒除外)。病鱼产的卵表面带有病毒,在流水中孵出的鱼苗上没有发现有病毒,由于病毒颗粒较大不能进入鱼卵的内部,所以本病不进行垂直传播。冬末春初水温低于 14℃常常暴发和流行,如水温超过 15℃有时散发或不发生本病,鱼苗和亲鱼则较少发病。温水性鱼类中的银鲫具有感染性。潜伏期的长短随水温、病毒的毒力、宿主年龄及鱼体抵抗力而异,一般为 7～15 天,有时可长达 25 天以上。

【病原】鱼病毒性出血性败血症的病原为弹状病毒科狂犬病毒属中的病毒性出血败血症病毒。该病毒对酸、碱和乙醚敏感,对热不稳定,在 −20℃可保存数年。病毒能在哺乳动物细胞株和两栖动物细胞株上生长,但更易在鱼细胞株如大鳞大麻哈鱼发眼卵上皮样细胞株、大鳍鳞鳃太阳鱼尾鳍成纤维细胞株、鲤上皮瘤细胞株、鲤上皮细胞株、狗鱼性腺细胞株和虹鳟性腺细胞株上生长。病毒粒子大约长为 180 纳米(毫微米),直径为 60～70 纳米。保存在 50%的甘油中数天后丧失感染力。分离病毒最好用原代培养细胞。病毒复制最适宜的温度是 15℃左右,在 20℃时病毒生长较少,在 20℃以上温度生长完全受抑制。感染病毒后的虹鳟性腺细胞变圆、核固缩,并很快坏死崩解;在 15℃培养 3 天,就能明显地看到空斑,坏死的细胞像分散的颗粒留在空斑内,与传染性胰脏坏死病毒不同的是没有抵抗细胞,空斑边缘十分清晰。培养液的 pH 能影响细胞病变的产生,当 pH 7.6 时,细胞病变明显表现;而 pH 7.2 则细胞病变表现不明显。病毒在细胞浆内增殖,最适 pH 为 7.6～7.8,生长温度范围为 4～20℃,产生最高病毒滴度在 10～15℃,在 20℃以上病毒失去感染力。病毒侵袭病鱼的各种组织,其中以肾脏和脾脏中病毒量最高。现在已知至少有 3 个血清型。

病毒的感染与传播:①通过水自然传播。病毒可能释放在粪便和尿液中,也可能黏附在鱼卵上。②病毒能借助捕食性鸟类传播。③病毒性出血败血症病毒的传播与水温、接触途径、被接触鱼的年龄有关。④病毒注射 2 天后即致死;非接种鱼与被感染鱼同池(接触感染),2 周后开始死鱼;在 15～16℃,进行腹膜注射,潜伏期为 10～15 天;直接将传染材料,涂抹在鳃上,7～12 天致死,非常接近自然传染。

【症状】该病的主要特征是出血,自然条件下本病潜伏期为 7～25 天。

因症状缓急及表现差异,分急性型、慢性型和神经型 3 种类型。

1. 急性型

见于流行初期,表现体色发黑,眼球突出,眼和眼眶四周以及口腔上腭充血;鳃苍白或呈花斑状充血,肌肉和内脏有明显出血点;肝、肾水肿、变性和坏死,肾脏的颜色比正常的更红;肝呈暗红色,点状出血、瘀血;脾脏肿大;脾脏及肾脏中有很多游离黑色素。发病快,死亡率高。

2. 慢性型

病程长,死亡率较低,多在初期之后。鱼体变黑,眼球突出,鳃肿胀、苍白贫血,但很少出血。鱼体各处很少出血或不出血,并常伴有腹水,肝脏、肾脏、脾脏的颜色淡。

3. 神经型

多见于流行末期。表现运动异常,病鱼表现狂奔,或静止不动,或沉入水底,或旋转运动,或狂游甚至跳出水面。剖检一般无肉眼病变。发病率低,但死亡率高。

【诊断要点】

1. 目视观察法

(1)流行情况检查　虹鳟的鱼种和 1 月龄以上的鱼最易感染,死亡率高。水温 14℃ 以下的冬末春初易暴发流行。急性型:发病快,死亡率高;体色褐黑,眼球突出;胸鳍基部、眼、眼眶、口腔上腭出血;鳃苍白、出血。慢性型:较急性死亡少,病程长,鳃贫血。神经型:旋转,猛游、跳水,腹壁收缩。

(2)病鱼活动状态的变化　病鱼昏昏沉沉,游动无力,回避水流,沿边游动,一些鱼不游动而沉于池底,靠近池边的鱼将头伸出水面,或以特殊性的角度悬于水中,进入晚期病鱼表现狂游,似有固定的环形游动路线,表现出极端过度的活动,病鱼一般不吃食。

(3)病鱼体态症状　病鱼体色发暗,失去正常光泽,有污秽感,胸鳍基部出血明显;眼球突出眼眶,被出血的组织所包围,眼球内出血;鳃表现苍白,呈现病灶性出血。慢性发病时症状加重,出现水肿。病鱼体后部显示不同程度的皱褶。

(4)病鱼剖检症状　剖检发现病鱼消化道内没有食物,肝、脾、肾、胰出现纤维状血纹坏死。由于该病毒能导致宿主免疫力急剧下降，易继发感染并发生水霉和细菌病。所以，在诊断中遇有霉菌和细菌感染时不应排除患该病的可能。

2. 组织病理学诊断

肝脏病灶性坏死，细胞质空泡化；脾脏实质细胞显示半数甚至大多数变性和坏死。细胞内失去核仁，细胞核染色质边缘分布，核固缩、核溶解。脾脏坏死，有大量的游离色素颗粒。肾脏的造血组织首先被病毒侵袭，表现为大量游离色素颗粒出现，组织坏死，窦性小管扩张、充血。

3. 血清学诊断

采用血清学方法很容易进行鉴定，最常用的方法为中和试验、荧光抗体法、酶联免疫吸附试验等。血清中和技术的鉴定结果也比较可靠。

【破解方案】

1. 预防

(1) 消除传染源，切断传播途径　①严格执行检疫制度，对引进的鱼卵必须进行检疫和消毒。最根本的措施是培育无病原种鱼，对发眼鱼卵用浓度为 50 毫克/千克的碘附浸泡 15 分。②对于感染或发病的鱼坚决不外运。同时要彻底清除污染的新鱼。对鱼体要定期进行病毒检查，早期发现，早期采取防制措施。③发现疫情，应果断将鱼池中的病鱼销毁，并进行严格消毒。被污染鱼池每亩用强氯精 300 ~ 500 克或生石灰 100 千克干塘消毒，被污染的工具用 2% 福尔马林或 pH 为 12.2 的氢氧化钠水溶液消毒 10 分。

(2) 增强养殖鱼体质，提高养殖鱼抗病能力　①供给优质的饵料，定时定量投喂，科学合理地饲养管理。可通过投喂添加 5 克/千克免疫多糖的饲料，连喂 7 天，激活鱼类的免疫系统，提高鱼体的免疫力。另外，生物碱、酮类、有机酸等口服后也能有效激活鱼类的免疫系统。②加强水质管理，创建一个优良的养殖环境。养殖环境不良，不仅影响鱼的生长发育，也会降低鱼的抵抗力，容易感染多种疾病。

另外，在该病流行地区改养对此病毒抗病力强的大鳞大麻哈、银大麻哈鱼或虹鳟与银大麻哈鱼杂交的三倍体杂交种。

2. 治疗

刚开始发病时,可用聚维酮碘拌饵投喂,每千克饲料每天用有效碘 1.64 ~ 1.91 克,连喂半月,可控制病情发展。因本病在冬末春初水温在 8 ~ 15℃ 发生和流行,所以将养鱼池水温提高到 15℃ 以上,可有效地预防本病发生。大黄研成粉末,经煎煮或热开水浸泡过夜,以每万尾鱼 0.25 ~ 0.5 千克的剂量拌饵投喂,对此病有一定的治疗效果。每千克饲料中加大黄、板蓝根各 200 克,煎水后拌饵投喂,连喂 7 ~ 10 天。

四、鲤鳔炎病

鲤鱼鳔炎病,又名鲤鱼传染性腹水病,是鲤鱼的一种急性传染病,能够造成重大经济损失。由鲤鱼鳔炎病病毒引起,其特征为鱼鳔发炎。

【流行情况】危害对象主要危害鲤科鱼类,以普通鲤及野鲤为主,杂种鲤发病很少,鲢鳙偶见发病。各个年龄都可受害,而以鱼种最为普遍。发病季节为 6 ~ 7 月,水温 15 ~ 22℃,水温低于 13℃ 时,病原的活动力降低。该病主要是水平传播,处于潜伏感染期的带病毒鱼可能为传染源。

【病原】初步认为是由鲤弹状病毒引起。有极强的致病力,实验致病、致死率均为 100% 。为弹状病毒,外被囊膜,具弹状病毒科的一般性质。

【症状】病鱼消瘦,体色发黑,反应迟钝,失去平衡,头朝下,尾尖翘出水面。腹部膨胀,腹腔内有腹水;皮肤、肌肉、鳔、脑及心包上有瘀斑。解剖发现病鱼鳔壁组织发炎增厚,鳔内变得窄而小,充满黏液,严重时甚至鳔内充血,鳔壁坏死,并与周围脏器粘连。

【诊断要点】主要危害鲤鱼,尤其是鲤鱼种受害最为普遍。多发生于 6 ~ 7 月的夏季,发病水温为 15 ~ 20℃ 。病鱼体瘦,离群独游,反应迟钝,易失平衡,肚腹膨胀,肛门红肿。部分病鱼眼球突出,体色发黑。出现病状后很快死亡。解剖观察肉眼可见病鱼鳔壁明显充血,布满瘀斑,并发有腹膜炎。

【破解方案】引进锦鲤苗种时应严格检疫,防止将带有病毒的鱼引入。流行地区改养对该病不感染的鱼类。感染初期,每千克饲料用 1 ~ 3 克氟苯尼考拌饲投喂,每天 1 次,连喂 3 ~ 5 天,减少继发性细菌感染,可以减少死亡。

五、鲤春病毒病

鲤春病毒病是春、夏季危害鲤鱼最常见、死亡率最高的一种疾病。由于该病潜伏期短,外部症状不明显、不典型,所以容易误诊并造成较大损失。鲤春病毒病只在春天气温上升时致病,故称鲤春病毒病,是一种急性、出血性、传染性病毒病,经常在鲤科鱼类特别是鲤、锦鲤中流行,引起幼鱼和成鱼死亡,危害严重。

【流行情况】危害对象主要是鲤鱼,但也可感染草鱼、鲢鱼、鲫鱼等。其中以一龄以上的鲤危害最为严重。发病季节是春季 3 ~ 5 月,水温 10 ~ 20℃发病,水温 17℃左右时最为流行,水温大于 22℃不发病。发病鱼池往往为新加池水,水质较瘦,浮游生物量小,透明度大。表面看来,水质清新,往往呈淡绿色,给人以好水的印象。主要危害越冬以后的幼鲤和一龄以上的鲤鱼,死亡率较高。低水温期,由于鲤鱼免疫力降低,容易大面积流行、暴发鲤春病毒病。感染途径是以水体为媒介,通过鳃进入鱼体,再通过粪、尿排出体外。外伤也是一个重要的传播途径。无症状的带毒鱼体能持续数周不断地排出病毒。在低水温时病毒能在被感染的鲤鱼血液中保持 11 周之久,即呈现持续性的病毒血症时期。此时,鱼类寄生虫如鲤鲺或水蛭等能从带病毒鱼体中得到病毒,并传播到健康鲤鱼鱼体上。潜伏期在水温 15 ~ 20℃时一般为 1 ~ 2 周。

【病原】鲤春病毒病病毒,属弹状病毒科、水泡病毒属,有囊膜,病毒大小为 180 纳米 ×70 纳米,含单链 RNA。在 pH 为 3 时对乙醚敏感,对酸敏感,在 pH 为 3 时经 30 分,侵染率仅 1%;在 pH 为 7 ~ 10 中稳定,侵染率为 100%;pH 为 11 时,侵染率为 50% ~ 70%。对热敏感,加热 15 分,45℃时侵染率仅 1%,60℃时为 0%。血清对病毒的侵染力具保护作用,保存在含 2% 血清培养液中的病毒,在 4 次冷冻和解冻过程中侵染率仅损失 10%,缺乏血清时则损失 95%;用冷冻干燥法可长时间保存病毒。保存在 -70℃ 的鲤鱼组织内,或在含 10% 胎儿血清培养液中,其感染力至少可维持 20 个月,而在 -20 ~ -5℃ 时感染力低下。病毒能在鲤鱼性腺细胞、鳔初代细胞等鱼类细胞株上增殖,病毒也能在猪肾、牛胚、鸡胚及爬行动物细胞株上增殖。病变细胞染色质颗粒化,分布在核膜边缘,细胞变圆,最后坏死脱落。在 20℃ 培养 3 天空斑直径达 2 ~ 3 厘米,但轮廓不清晰。

【症状】体色发黑,呼吸缓慢,侧游,腹部膨胀,腹腔内有渗出液,突眼,贫血,皮肤、鳃及各器官组织均有点状出血,尤以鳔的内壁为常见,肌肉当出血时呈暗红色,肝、脾、肾水肿,肛门发炎突出,造血组织坏死,肝脏及心肌局部坏死,肠被细菌感染,引起细菌性败血病。血红蛋白量减少,嗜中粒细胞及单核细胞增加,血浆中糖原及钙离子浓度降低。

【诊断要点】

1. 观察法

根据流行情况及症状进行初步诊断。①主要危害鲤鱼,发生于春季,水温 13 ~ 22℃ 的情况下发病后大量死亡,死亡率高。②目检病鱼,濒死鱼身体发黑,呼吸缓慢,侧卧张口。眼球突出,肚腹肿胀,肛门红肿发炎,鳃苍白。

2. 细胞培养法

取病死鱼内脏(尤以肾脏含毒量高),用生理盐水制成 1:10 悬液,离心,取上清液接种于鲤鱼卵原代细胞,在 20 ~ 22℃ 条件下培养 10 天,感染细胞在接种 3 天后,呈圆形、崩解等病变。然后用中和试验或荧光抗体试验对病毒进行鉴定。有条件的也可用电镜检测此病毒。

3. 血清学检查

可用荧光抗体试验检测本病。放 20℃ 培养的细胞在感染后最快 6 小时出现阳性结果。脾或肾冷冻切片,做免疫荧光抗体法检查,也能快速确诊。还可用中和测验检查血清中的抗体。

【破解方案】目前,该病可行的防制方法还只是实行严格的卫生管理和控制措施。该病的免疫疫苗大多处于实验阶段。因此,目前尚无有效的治疗方法,主要采取以下防控措施:①严格检疫,杜绝该病毒源的传入,特别是对来自欧洲的鱼种应进行检疫,以防带入本病病毒。②用消毒剂彻底消毒可预防此病发生,用含碘量 100 毫克/升的碘附消毒池水,也可用季铵盐类和含氯消毒剂消毒水体。③在鱼种越冬前和投放新池后,应施用对症有效的杀虫药物彻底杀灭寄生虫。越冬前应当加强饵料营养,饵料中可添加免疫多糖或某些抗病毒性的中草药,提高越冬鱼的免疫力,使养殖鱼强壮越冬。越冬后,尽早投喂,使越冬后的鱼尽快恢复体力。④控制水温,将水温提高到 22℃ 以上可控制此病发生。目前鲤鱼苗种的放养大都在 3 月中旬至 4 月中旬之间,这虽有利于运输和分池,提高成活率,但也存在着新放池水偏瘦,水温偏低,鱼体受伤后易感染鲤春病毒病的缺点。因此有条件的养殖户不如等到 4 月中旬以后,水温达到 20℃ 左右再分池或放养,这既不影响鱼种生长,在现有运输条件下又可保证运输安全,还避免了购买携带病毒鱼种的风险。⑤鱼体受机械损伤或被寄生虫侵袭而导致组织损伤时,感染鲤春病毒的机会将大大增加。在临床实践当中,患病鱼体往往被车轮虫、鱼鲺或指环虫等寄生。在分池和运输过程中,一定要谨慎操作,避免鱼体受伤。⑥治疗时,可内服抗菌药饵,在每千克饲料中添加土霉素 1 克、维生素 C 1 克制成药饵,连喂 5 ~ 7 天,病情重时可加 1 个疗程。保留病愈的鲤鱼作为亲鲤,其子代有一定的免疫力。⑦可参照草鱼出血病内外结合防制的方法,有一定的效果。

六、肝胰腺细小样病毒病

【流行情况】本病主要危害中国对虾,墨节对虾、斑节对虾、万氏对虾等也可被感染,为一种慢性病,中国对虾感染率可达到 70% ~ 80%,幼体期病情较重,死亡率在 50% ~ 90%。随个体增长,病情减轻,亲虾多呈隐性感染而带毒。分布地区主要是中国,东南亚、墨西哥和澳大利亚、非洲等地也有发现,无明显季节性。

【病原】对虾肝胰腺细小病毒病病原是肝胰腺细小样病毒。病毒粒子球形,22 ~ 24 纳米,单链 DNA。

【症状】该病症状是病虾外观无明显特殊症状。幼体被感染后行动不活泼,食欲减退,生长缓慢,很少蜕皮,体表常黏附大量藻类、饵料颗粒等多种污物,以肢体刚毛上最为明显,养殖期的幼虾或成虾,虾体瘦弱,体色较深,甲壳表面有大量黑色斑点。有的甲壳变软,腹部肌肉变白,抗逆能力差,容易继发性感染细菌性疾病。该病毒侵犯肝胰腺管上皮,组织切片观察,可见细胞核内有包涵体。严重感染时肝胰腺变白、萎缩、坏死。病毒感染细胞后,往往并不造成细胞的急性坏死。因此,有些对虾从幼体阶段携带病毒一直到成虾阶段也不死亡。但病毒对肝胰腺上皮细胞的影响,干扰了对虾的消化吸收等功能,所以病虾会出现一系列全身性病状。

【诊断要点】该病毒侵犯肝胰腺管上皮,组织切片观察,可见细胞核内有包涵体。严重感染时肝胰腺变白、萎缩、坏死。

【破解方案】目前尚无有效的防制药物,根本措施是强化饲养管理,进行全面综合预防。

彻底清淤消毒。严格检测亲虾,杜绝病原从母体带入。使用无污染和不带病原的水源,并经过滤和消毒。受精卵在进入孵化池前,用 PVP - 1(聚乙烯吡咯烷酮碘)50 毫克/千克浸洗 0.5 ~ 1 分或用每立方米 300 毫升的福尔马林浸泡 30 秒后再孵化。放养无病毒感染的健壮苗种,并控制适宜的密度,要低于每立方米 30 万尾。投喂优质配合饲料,并在饲料中添加 0.2% ~ 0.3% 的稳定维生素 C。保持虾池环境因素稳定,避免人为地惊扰。虾池设立增氧机,任何时候保证溶解氧不低于 5 毫克/千克。加强巡池、多观察,发现池水变色要及时调控,不采用大排大灌换水法,应多次少量,遇到流行病时,暂时封闭不换水。若发现育苗池感染严重,做好隔离工作,虾池每亩水体施 100 克漂白粉,48 小时后用无毒海水冲洗后才放养虾苗。发病早期可采用以下方法,能够有效减少死亡率。每亩水深 1 米,用 150 克二溴海因全池泼洒,间隔 2 天,再每亩水深 1 米全池泼洒 80 克。在全池泼洒二溴海因的第五天后,泼洒有益微生物制剂(如芽孢杆菌或光合细菌)1 次。同时,每 100 千克饲料添加 200 ~ 500 克免疫多糖或人参皂苷,拌饲投喂,每天 2 次,连续投喂 4 天。

七、痘疮病

【流行情况】主要流行于黄河以南,危害对象是一龄以上的鲤鱼,鲫鱼也偶尔发生,同时混养的其他鱼则不感染。发病季节是流行于秋末至春初的低温季节及密养池。水温在 10 ~ 15℃ 时,水质肥沃的池塘和水库网箱养鲤中亦发生。当水温升高或水质改善后,痘疮会自行脱落,条件恶化后又可复发。发病的鱼类有鲤鱼、武昌鱼、草鱼、青鱼、鲫鱼、花白鲢等,成鱼及鱼苗均可发病,通常不造成大批量死亡。

【病原】痘疮病病原是鲤疱疹病毒。病毒颗粒呈近球形,复制适宜温度为 15 ~ 20℃,通常成群聚集。

【症状】该病症状是发病初期,病鱼体表出现薄而透明的灰白色小斑状"增生物",并覆盖着一层很薄的白色黏液,以后小斑逐渐扩大,互联成片并增厚,形成不规则的玻璃样或蜡样增生物,色泽由原来的乳白色逐渐变成石蜡状,略显淡红,上面有时有极小的红色条纹,形似癣状痘疮。"增生物"高出体表,其表面光滑,后变粗糙,质地由柔软变为软骨状,较坚硬,一般不能被摩擦碰掉。这些增生物长到一定大小后,可自行脱落。以后在原位置又重新长出新的"增生物"。背部、尾柄、鳍条和头部是痘疮密集区,严重的病鱼全身布满痘疮,病灶部位常有出血现象。"增生物"面积不大时,对病鱼,特别是大鱼,危害不大,但如果"增生物"面积较大,就严重地影响鱼的正常发育,尤其是"增生物"生长在鳃丝上,将鳃组织包裹起来,就会严重地影响到鱼类的正常呼吸,最后窒息死亡。有一些病鱼呈病理性浮头状,也有一些病鱼会成群地漂浮在水的表层,一动不动,伸手就可以抓到。

【诊断要点】主要危害鲤鱼、鲫鱼及圆腹雅罗鱼等,流行于秋末冬初及早春低温(10 ~ 16℃)时,病鱼常有脊柱畸形,骨软化,消瘦及生长缓慢。发病初期鱼体表出现许多乳白色小斑点,而后变厚、增大,其形状大小各异,直径可从 1 厘米到数厘米,厚 1 ~ 5 厘米的"增生物"。

【破解方案】加强综合预防措施,严格执行检疫制度。流行地区改养对该病不敏感的鱼类。升高水温及适当稀养也有预防效果。将病鱼放入含氧量高的清洁水(流动水更好)中,体表增生物会自行脱落。每尾鱼肌内注射氯霉素 25 毫克,再放入每立方米 0.23 克氯霉素药液中浸洗,3 天后病灶好转,7 天后能见到明显效果。

八、对虾杆状病毒病

对虾杆状病毒病是由对虾杆状病毒引起的病毒性疾病,主要危害对虾幼体、子虾和幼虾。我国将其列为二类动物疫病。

【流行情况】病毒主要经对虾相互残食以及粪—口途径传播。亲虾产卵时排泄带毒粪便也可使病毒传给下一代种群;实验表明轮虫和卤虫可将该病毒传给对虾幼体。该病毒宿主广泛,可感染滨对虾属、美对虾属、明对虾属和沟对虾属等在内的所有对虾品种。幼体受害较为严重,是育苗期间的严重疾病之一,通常表现为急性死亡。随着日龄的增长,感染率和死亡率逐渐降低。

【病原】病原是对虾杆状病毒,属杆状病毒科,属地位未定成员。该病毒的包涵体用溴酚蓝汞染色呈深蓝色;用甲基绿 – 焦宁染色呈鲜红色;用苏木紫 – 伊红染色有时呈嗜碱性,有时则呈嗜酸性,但绝非强酸性。

【症状】病虾嗜睡、食欲降低、体色呈蓝灰色或蓝黑色,胃附近白浊化。病虾浮头,停滞岸边,厌食,鳃和体表有固着类纤毛虫、丝状细菌、附生硅藻等生物附着容易并发褐斑病等细菌性疾病,病虾最终侧卧于池底死亡。解剖后可发现肝胰腺肿大、软化、发炎或萎缩硬化,肠道发炎等。

【诊断要点】对虾杆状病毒病引起的地方性流行病可见于幼体、后期幼体和养殖中期的虾。在幼体,常表现为急性死亡,通常在 48 小时内出现 90% 以上的死亡率;后期幼体和养殖中期的虾,特别是在高密度养殖的情况下,常表现为亚急性或慢性死亡,但累积死亡率很高,4 ~ 8 周累积死亡率超过 50%。

受对虾杆状病毒病感染的虾也表现为摄饵减少,生长速度降低,虾体表面因附生或共栖生物增多而出现烂鳃或细菌的混合感染等非特定症状。

虾的肝胰腺和中肠上皮存在四面体的多角体包涵体是诊断的重要指标之一。

常规血清学方法：早期有用葡萄球菌 A 蛋白协同凝集试验检测对虾组织内的肝胰腺病毒,并用免疫金银染色法在病虾组织内定位观察。

【破解方案】目前尚无有效的防制药物,根本措施是强化饲养管理,进行全面综合预防。

彻底清淤消毒,严格检测亲虾,杜绝病原从母体带入。使用无污染和不带病原的水源,并经过滤和消毒。受精卵在进入孵化池前,用聚乙烯吡咯烷酮碘 50 毫克/千克浸洗 0.5 ~ 1 分或用每立方米 300 毫升的福尔马林浸泡 30 秒后再孵化。放养无病毒感染的健壮苗种,并控制适宜的密度,要低于每立方米 30 万尾。投喂优质配合饲料,并在饲料中添加 0.2% ~ 0.3% 的稳定维生素 C。保持虾池环境因素稳定,避免人为地惊扰。虾池设立增氧机,任何时候保证溶解氧不低于 5 毫克/千克。加强巡池、多观察,发现池水变色要及时调控,不采用大排大灌换水法,应多次少量,遇到流行病时,暂时封闭不换水。若发现育苗池感染严重,做好隔离工作,虾池每亩水体施 100 克漂白粉,48 小时后用无毒海水冲洗后才放养虾苗。发病早期可采用以下方法,能够有效减少死亡率。每亩水深 1 米,用 150 克二溴海因全池泼洒,间隔 2 天,再每亩水深 1 米全池泼洒 80 克。在全池泼洒二溴海因的第五天后,泼洒有益微生物制剂(如芽孢杆菌或光合细菌)1 次。同时,每 100 千克饲料添加 200 ~ 500 克免疫多糖或人参皂苷,拌饲投喂,每天 2 次,连续投喂 4 天。

第二节　细菌性疾病安全防控关键技术

由于鱼体皮肤能分泌黏液,鱼体内又有一定的免疫力,细菌通常难以侵入。但当水体中鱼类密度增加、水质条件恶化、饲养管理不当、鱼体有损伤、鱼类抵抗力降低时,细菌性鱼病也常发生和流行,造成鱼类大量死亡。

常见的细菌性疾病有烂鳃病、细菌性败血症等,致病菌多为条件致病菌,细菌性疾病的发生常与寄生虫寄生、水质或底质不良、机械损伤等有关。细菌性疾病常表现出较为明显的临床表现症状,死亡量大或不间断的持续死亡是其重要的特点,不论是在季节交替时还是在连续阴雨天气和高温养殖期经常发生。

一、细菌性败血症

此病名称较多,主要有淡水养殖鱼类暴发性流行病、溶血性腹水病、腹水病、出血性腹水病和出血病等。

【流行情况】此病是我国近年来淡水养鱼新出现的、危害最严重的疾病之一。由于此病的流行范围很广,发病鱼种类较多,特别是多呈急性流行,发病后死亡率高等特点,故最初称之为淡水鱼暴发性流行病。据 20 世纪 90 年代前期统计,每年因此病而导致的经济损失达 10 亿元左右。本病在全国各地都有流行,主要危害鲢鱼、鳙鱼、鲤鱼、鲫鱼、团头鲂、白鲫鱼、黄尾鲴、鲮鱼等鱼。近年来,名优鱼类,如鳜鱼、斑点叉尾鮰等也有病例报告。池塘混养中最早发病的是鲫鱼、白鲫鱼或鲢鱼,随后为团头鲂和鳙。该病发病率高,死亡率为30% ~ 50%,高时可达90% 以上。

流行季节一般是 4 ~ 10 月,流行高峰期是 6 ~ 8 月,高峰期水温是 25 ~ 35℃,可危害鲢鱼、鳙鱼、鲫鱼、鲤鱼、团头鲂等多种淡水鱼类。从鱼种到成鱼都可发病,但主要危害成鱼,一般大规格个体先于小规格个体死亡。淡水养鱼地区广泛流行,池塘、水库、网箱等水域均可发生此病。该病是我国流行地区最广、流行季节最长、危害养鱼水域类别最多、危害淡水鱼的种类最多、危害鱼的年龄范围最大、造成的损失最大的一种急性传染病。此病已经成为当前发展淡水养鱼生产的最大障碍。

据病情发展缓急、病程长短大致可分为急性型、亚急性型、慢性型 3 种类型。

1. 急性型

急性发病来势凶猛,死亡率高,在发病1～2天后大批鱼类死亡,1周左右死亡率下降,两天后停止死亡。该种类型主要发生在鲫鱼放养密度高、投饵较多、水质过肥、水质老化和池水透明度较小的池塘中。

2. 慢性型

慢性发病池,病程发展缓慢,死亡条数少,无明显高峰期,但发病时间长,累计死亡量高。

3. 亚急性型

亚急性发病池介于以上两者之间,发病时间也较长,无明显死亡高峰,时多时少,不够稳定。

发病原因主要有以下几个方面:放养密度高,鱼病预防工作被忽视;池塘水质差,导致鱼体抵抗力下降;近亲繁殖,导致鱼种体质下降,防制效果差;过多投喂商品饲料,天然饵料少导致鱼体内脂肪过多,抵抗力下降,死亡率增高;养殖户缺乏防病意识,病鱼乱扔,导致天然水域病原体日益增多;在拉网过程中,消毒工作不到位,导致病原体入侵鱼体受伤部位,容易反复发作。

【病原】细菌性败血病病原由多种病原菌引起,主要为气单孢菌属,如嗜水气单孢菌、温和气单孢菌,东北地区鲤鱼尚有豚鼠气单孢菌,湖北、湖南、河南等地则发现有河弧菌生物变种。嗜水气单孢菌侵入鱼体后,先在肠道内增殖,再经门动脉循环进入肝脏、肾脏及其他组织,引起肝脏、肾脏等器官以及血液病变,继而出现全身症状。

【症状】该病症状是疾病初发时,病鱼的颌部、口腔、鳃盖、体侧和鳍条基部出现局部轻度充血现象,此时,病鱼食欲减退。随后,病情迅速发展,上述症状加剧,体表各部位充血严重,部分鱼因眼眶充血而出现眼球突出,肛门红肿,厌食或不吃食,静止不动或发生阵发性乱游、乱窜,有的在池边摩擦,最后衰竭而死。剥去鱼皮,全身肌肉因充血而成红色;解剖后,腹腔内积有黄色或血红色腹水,肝、脾、肾脏肿胀,肠内没有食物,肠壁充血且半透明,肠道内充气且含稀黏液,肠被胀得很粗,因此鱼体显得粗宽,部分鱼鳃色浅,鳃丝末端腐烂,呈贫血症状。3～4月,病鱼多表现为头、口腔、鳃盖、眼眶等部位以及体表两侧充血发炎。5月以后多表现为鳃盖下缘、鳍基和内脏充血发炎。

因病程的长短、疾病的发展阶段、病鱼的种类及年龄不同,病原菌的数量及毒力不同,病鱼的症状表现多种多样。少数鱼甚至无明显症状即死亡。

【诊断要点】根据症状和流行情况进行初步诊断。如果除草鱼、青鱼外,鲫鱼、鲢鱼、鳙鱼等其他养殖鱼类都出现典型出血症状时,可初步判断为鱼类细菌性败血症。如果只有草鱼、青鱼有典型出血症状,同池的鲫鱼、鲢鱼、鳙鱼等其他养殖鱼类未发病,可初步排除鱼类细菌性败血症。

高温季节发病,且鱼种和成鱼均有发病,并不局限于鱼种,则可初步判定为此病。

在病鱼腹水或内脏检出嗜水气单胞菌等致病菌即可确诊。

【破解方案】目前尽管有多种治疗方法,但疾病一旦发生,经济损失比较大,故必须强调以防为主。

1. 预防

强调彻底清塘消毒,鱼池每年或隔年干塘、暴晒,注水前用生石灰清塘消毒,若难以干塘,则必须带水清塘。生石灰的用量为水深1米时,每亩用100~150千克。

做好鱼种消毒工作。在成鱼塘放养鱼种时,鱼种在卖出单位或原鱼种塘内,每亩用漂白粉800克(含有效氯30%)或强氯精200克全池泼洒消毒1次。

进入6月,每半月施放石灰水或含氯消毒剂。同时,内服诺氟沙星等抗菌药(用量为治疗量的1/2),混饲,每天1次,连服3天。

发病鱼塘要隔离,鱼桶和渔网要专用,网具和工具用后要进行消毒处理。死鱼捞起来不要乱丢,应集中坑埋。

2. 治疗

(1)外用药　如体表和鳃部有寄生虫,应先用杀虫药将寄生虫杀死,隔天再用消毒剂。选择下列任何一种消毒剂均可。①强氯精或溴氯海因粉全池泼洒,每亩水深1米用药200~300克,隔天再泼洒一次进行加强。②每亩水深1米全池泼洒二氧化氯700~1400毫升或用优氯净300~350克。③聚维酮碘全池泼洒,每亩用药300~500毫升,隔天重复1次。

另外,治愈后第二天,全池泼洒生石灰,将池水pH调至弱碱性。

(2)内服药 下列药物任选一种,治愈后仍需投喂1~2天。①每千克饲料中拌入恩诺沙星2~2.5克(或氟苯尼考2~2.5克),连喂5~7天。②采用聚维酮碘制剂,每千克饲料中拌入3克药剂,制成药料,全天投喂,连喂5~7天。③每千克饲料中加复方新诺明2~3克,连喂3~5天,每天2次。④每千克饲料中加磺胺-6-甲氧嘧啶2~3克,连喂4~6天,第一天用药量加倍,每天投喂1次。

【注意事项】第一,发病后,认真对疾病进行诊断,观察鱼体是否有寄生虫的感染。如无寄生虫感染,就不要施用杀虫剂,以免贻误了治疗时机,影响了后续治疗的效果。切记不能听信某些厂家的误导,用杀虫药物配合硫酸铜来治疗本病。

第二,必须做到无病先防、有病早治,不能等到鱼死得很严重时才进行治疗,因为重病鱼已完全失去食欲,无法进行治疗。

第三,投喂内服药时,一定要注意用药的方法和药物饲料的存放,不能将药物或药物饲料置于阳光下暴晒。

第四,池鱼发病严重时,最好不要采用高浓度的生石灰进行全池泼洒,否则会引起病鱼的应激反应,而加速其死亡。应先投喂免疫多糖饲料提高鱼类抗应激的能力。

第五,治疗期间及刚治好病后不要大量换水、大量施肥及捕鱼,以免引起应激反应,加重病情或复发。应先投喂免疫促进饲料提高鱼类抗应激的能力。

第六,病治好后,仍应继续做好预防工作,鱼体对该病不产生终身免疫。

二、烂鳃病

【流行情况】本病为淡水鱼类养殖过程中广泛流行的一种鱼病。主要危害草鱼、青鱼、鲤鱼、鲫鱼、鲢鱼、鳙鱼、团头鲂等。近年来,在名优鱼养殖中也有因烂鳃病而引起大批死亡的案例,不论鱼种或成鱼阶段均可发生。该病流行时间为4~11月,6~9月为发病高峰期,一般在水温15℃以上时开始发生,在15～30℃内,水温越高越易暴发流行,致死时间也越短。养殖密度越高,水质越差,抵抗力越小,则越易暴发流行。在春季该病流行季节以前,带菌鱼是最主要的传染源,其次是被菌污染的水及塘泥;病菌在水及塘泥中存活的时间与水温、水质等有关。水中病原菌的数量越多、鱼的密度越大、鱼的抵抗力越小、水质越差,则越易导致细菌性烂鳃病的流行。感染是鱼体与病原菌直接接触引起的,鳃受损(如被寄生虫寄生、机械损伤或有害物伤害等)时特别容易感染。由于致病菌的宿主范围很广,野杂鱼类也都可感染,因此容易传染和蔓延。本病常与赤皮病、细菌性肠炎病、出血病并发,称草鱼“新三病”之一。

【病原】细菌性烂鳃病是由柱状屈挠杆菌感染所致。菌体细长、柔韧,一般在病灶及固体培养基上的菌体较短,在液体中培养的菌体较长;没有鞭毛,但在湿润固体上可做滑行;或一端固着,另一端缓慢摇动;有团聚的特性。病菌革兰阴性,菌落黄色,大小不一,扩散型,中间较厚,显色较深,向四周扩散成颜色较浅的假根状。该菌不产生小孢子,柱状屈挠杆菌在pH为6.5～7.5时生长良好,pH为6以下和pH为8以上不生长,温度25℃时生长得最好,毒力也强。33℃时生长好,但毒力减退,40℃时生长缓慢,65℃时在5分内即死亡,4℃以下不生长。培养基中含0.7%以上浓度的氯化钠,能抑制菌体的生长,好气生长良好。通常以横裂法繁殖,分裂成两个长度大约相等的子体。

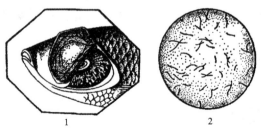

图4-1 柱状屈挠杆菌烂鳃病

1.鳃丝腐烂及鳃盖中央内膜被腐蚀或成透明区 2.柱状屈挠杆菌

主要感染养殖对象的鳃部,感染部位细菌密集,肉眼可见黄色圆柱状菌落。在高温季节,尤以草鱼、青鱼易感,给养殖户带来巨大的经济损失。感染症状与病菌落见图 4-1。

【症状】鱼行动迟缓、离群独游、体色发黑、头部尤重,故又称乌头瘟。对外界刺激的反应迟钝,呼吸困难,食欲减退。病鱼起始外观表现为鳃孔周围充血、胸鳍发红、轻压鳃部从鳃孔流出黏脏液,鳃丝黏液增多,部分黏液脱落,鳃丝顶部发黄,后鳃丝水肿,整条鳃丝溃烂,鳃盖骨内表皮充血,病鱼鳃丝腐烂带有污泥,中间部分常腐烂成一个圆形、不规则的透明小窗。因此,鱼常聚集水车、增氧机周围或在池塘边静卧。鲤鱼、鲫鱼种患此病时鳃严重贫血呈白色,或鳃丝呈红白相间的"花瓣鳃"现象,常有蛀鳍、断尾情况。病鱼因器官溃烂而影响呼吸功能,从而导致死亡。肝脏、脾脏微肿、充血,肠道发炎,肾水肿。

【诊断要点】主要危害草鱼及青鱼(鱼种至成鱼),鲤鱼、鲫鱼、鲢鱼、鳙鱼、团头鲂、鳗鱼、金鱼等也可发病。在水温 15℃ 开始发生,至 30℃ 随温度升高发病率越高。

病鱼体色发黑,游动缓慢,呼吸困难。鳃盖内表皮充血发炎,中间常糜烂成圆形或不规则透明小窗,俗称"开天窗"。

据以上临床症状及病理变化,可初步诊断为细菌性烂鳃病。

取鳃上淡黄色黏液或剪取少量病灶处鳃丝,放在载玻片上,加上 2~3 滴无菌水(或自来水),盖上盖玻片,放置 20~30 分,在高倍显微镜下检查,如看见有大量细长、滑行的杆菌,有些菌体聚集成柱状,即可进一步诊断为细菌性烂鳃病。

除此之外,还应注意此病与其他鳃病的鉴别。首先,车轮虫、指环虫引起的鳃病,显微镜下可见鳃上有大量的车轮虫或指环虫寄生。其次,大中华鳋引起的鳃病,鳃上可见大中华鳋寄生,病鱼鳃丝末端肿胀、弯曲和变形,而细菌性烂鳃无此现象。再次,鳃霉病,显微镜下可见霉菌的菌丝进入鳃小片组织或血管和软骨中生长,黏细菌则不进入鳃组织内部。

【破解方案】

1. 预防

在养殖之前,应做好清塘消毒工作,清除过多的淤泥,并用多种药物配合消毒,充分杀死塘中的各种致病源。选择优质健壮鱼种。

鱼种下塘前用 10 毫克/千克漂白粉水溶液,或每千克水体用 5 毫克漂粉精(或优氯净)溶液,或用 15~20 毫克/千克高锰酸钾水药浴 15~30 分,或用 2%~4% 食盐水浸洗 10~15 分。在发病季节,每半个月泼洒一次生石灰水,用量每亩水深 1 米用 10~15 千克,保持池水 pH 在 8 左右,需根据水的 pH 调整用量。每周每亩水深 1 米用强氯精 200 克全池泼洒 1 次,与生石灰交替使用(注意不可同时使用)。在发病季节,可使用中草药如大黄、乌桕、五倍子等扎成小捆放在池塘入水口处进行泅水,每天翻动 1 次。发病季节,在食场周围每周泼洒消毒药 1~2 次,消毒食场,用量视食场的大小及水深而定。一般泼漂白粉为 250~500 克;如泼漂粉精、优氯净、强氯精,则用药量为漂白粉的一半。鱼池施用的粪肥应充分发酵腐熟后再施用。

2. 治疗

采用内服外用的方法,选用下面一种外用药和内服药配合使用。

(1)外用药 ①全池泼洒优氯净,每亩用药 200~250 克,隔天重复 1 次。②全池泼洒二氧化氯,每亩用药 100 克,隔天重复 1 次。③全池泼洒聚维酮碘,每亩用药 300~500 毫升,隔天再泼洒 1 次进行加强。④每亩水深 1 米用大黄 1 500~2 500 克。先将大黄用 20 倍重量的 0.3% 氨水浸泡提效,再连水带渣进行全池均匀遍洒。

(2)内服药 ①拌料投喂氟苯尼考,按每千克饲料 1~1.5 克,每天 1 次,连用 3~5 天。②每千克饲料每天用诺氟沙星 1~2 克拌饵料投喂,每天 1 次,连喂 5~7 天。③每千克饲料中加复方新诺明 2~3 克搅拌均匀后,制成水中稳定性好的颗粒药饵投喂,连喂 3~5 天,每天上午、下午各投喂 1 次。④每千克饲料中加磺胺-6-甲氧嘧啶 2~3 克,拌匀后制成水中稳定性好的颗粒药饵,连喂 4~6 天,第一天用药量加倍。每天投喂 1 次。⑤大蒜拌饲料投喂,每 100 千克鱼每天用蒜头 500 克捣碎拌饲,分上午、下午 2 次投喂,连喂 3 天,加入等量食盐,可提高疗效。⑥每千克饲料用黄连 60 克,百部、鱼腥草、大青叶各 50 克,碾粉或煎汁拌入饲料中投喂,连喂 3~5 天。⑦每千克饲料用鲜菖蒲 1~1.5 千克捣汁拌入饲料中投喂,饲料投喂量为鱼体重的 1% 左右,每天投喂 1~2 次,连喂 3~6 天。⑧每千克饲料用五倍子、三黄粉、干辣蓼(三者比例为 1∶5∶1.5)共 40 克,粉碎混合,拌入饲料中投喂,每天 1 次,连喂 3~4 天。

三、肠炎病

【流行情况】本病在草、青鱼中非常普遍,尤其是当年草鱼和一龄的草鱼、青鱼最易得病。此病常与烂鳃病、赤皮病并发,成为草鱼的三大主要病害。在罗非鱼、黄鳝养殖中也出现典型的肠炎病,死亡率较高。在全国各地均有发生,流行为 4~9 月。特别是成鱼的死亡率和发病率很高,一般可达 50% 左右,称此病为烂肠瘟。最先发病的鱼,身体均较肥壮,贪食是诱发因子之一。特别是鱼池条件恶化,淤泥堆积,水中有机质含量较高和投喂变质饵料时容易发生此病。死亡率很高。

【病原】主要病原是运动性气单孢单菌(又叫嗜温气单胞菌,原叫肠型点状气单孢菌)。革兰阴性短杆菌,极端单鞭毛,无芽孢,含有内毒素。

【症状】该病症状是疾病早期除鱼体表发黑、食欲减退外,外观症状并不明显。剖检后,可见局部肠壁充血发炎,肠道中很少充塞食物。随着疾病的发展病鱼常常腹部膨大,呈现红斑,肛门突出,从头部提起时,肛门口有黄色黏液流出。鱼体呈呆滞状,体肌做短时间的抽搐,不进食,粪便白色。剖开鱼腹,可见腹腔积水,肠壁充血发炎,轻者仅部分肠道出现红色,严重时全肠呈紫红色,肠内无食物,肠壁无弹性,轻拉易断,充有淡黄色的黏液和血脓。

【诊断要点】此病以腹部膨大、肛门外突红肿、轻压腹部有黄色黏液从肛门流出为特征。

剖开鱼腹和肠管,肉眼可见肠壁充血、发炎,肠壁弹性较差,肠腔内没有食物,或仅在肠的后段有少量粪便,肠腔内有大量淡黄色黏液;用显微镜检查肠内黏液,可以看到变性、坏死脱落的肠上皮细胞和少量红细胞,大量细菌,即可初步诊断为此病。

要注意与以肠壁出血为主的草鱼出血病和食物中毒相区别。患出血病的肠壁弹性较好,肠腔内黏液较少,肠壁出血严重的肠腔黏液中常有成片脱落的上皮细胞及大量红细胞。同时,病鱼的肝脏、脾脏、肾脏等组织的除菌匀浆上清液腹腔注射健康草鱼鱼种,可引起出血病,而患细菌性肠炎病的肝脏、脾脏、肾脏等组织的除菌匀浆上清液腹腔注射健康草鱼鱼种,则不引起发病。食物中毒的病鱼,在肠壁严重充血发炎的同时,肠内有大量食物,且是吃同一种饲料的鱼突然发生大量死亡。

在肉眼诊断的同时,取病鱼的肝脏、脾脏、肾脏、心脏血液接种在 R-S 选择和鉴别培养基,如长出黄色菌落,则可进一步诊断为患细菌性肠炎病。

直接荧光抗体法。特异性好、快速、结果直观。荧光抗体可较长时间保存,适合基层单位使用。

【破解方案】

1. 预防

彻底清塘消毒,保持水质清洁。投喂新鲜饲料,不喂变质饲料,不投喂过饱,是预防此病的关键。选择优良健壮鱼种。鱼种下塘前用每立方米水中加高锰酸钾 15～20 克的溶液药浴 15～30 分。合理放养和搭配比例。加强饲养管理,保持优良水质,夏季要增加水深,使水温变化较小,水温不可过高。掌握好投喂饲料的质和量。不可投喂变质饲料,食场周围定期消毒。发病季节适当控制投喂量。每50 千克饲料加大蒜 0.25 千克,韭菜 1 千克,食盐 0.25 千克投喂 3～5 天可有效预防;或每千克饲料每天加大蒜头 170 克(必须在投喂前才将大蒜头捣碎,否则要严重影响效果)或大蒜素微囊 1.5 克拌饲,制成水中稳定性好的颗粒药饲投喂,连喂 3 天为 1 个疗程。或每千克饲料加干的地锦草、马齿苋、铁苋菜、辣蓼、火炭母、马鞭草、凤尾草等 170 克(合用或单用都可以),打成粉后,加 60 克食盐,拌饲,制成水中稳定性好的颗粒药饲投喂,连喂 3 天为 1 个疗程。如用鲜草,则地锦草、马齿苋为 850 克,铁苋菜、辣蓼、马鞭草、凤尾草为 680 克;或每千克饲料中加入穿心莲 700 克(新鲜的穿心莲 1 000 克打成浆),再加食盐 60 克,拌饲,制成水中稳定性好的颗粒药饲投喂,连喂 3 天为 1 个疗程。

2. 治疗

通常采用内服加外用的方法进行,选用下面一种外用药和内服药配合使用。在疾病早期,仅投喂内服药饲即可治愈,但在疾病严重时,必须同时外泼消毒药1~3次,才能取得理想的治疗效果。

(1)外用药 ①每亩水深1米全池泼洒漂白粉700~800克,或漂粉精400克,或强氯精250~300克,隔天重复1次。②每亩水深1米全池泼洒优氯净200~250克,或二溴海因300~350克,或溴氯海因300~350克,隔天重复1次。③全池泼洒聚维酮碘,每亩用药300~500毫升,隔天再泼洒1次进行加强。

外用消毒剂后48小时泼洒1次EM菌、光合细菌或枯草芽孢菌等微生物制剂改善外部环境。

(2)内服药 ①投喂土霉素50~80毫克/千克鱼体重、维生素C 1克/千克鱼体重与大蒜浆3克/千克鱼体重。②每千克饲料每天用诺氟沙星1~2克拌饵料投喂,每天1次,连喂5~7天。③每千克饲料中加磺胺-6-甲氧嘧啶2~4克,拌匀后制成水中稳定性好的颗粒药饵投喂,连喂4~6天,第一天用药量加倍,每天投喂1次。④将大蒜头捣烂,制成每千克含200克大蒜的药饵,每天投喂1次,连续投喂3天。⑤每千克饲料用鲜辣蓼草1千克(干草100~120克)、地锦草400克(干草60克~80克)切碎加水煮沸半小时取汁或将干草粉碎拌入饲料投喂,连喂4天。

内服药物结束后,使用酶制剂(加酶益生素)及光合细菌或乳酸芽孢菌等微生物制剂添加到饲料中投喂,增加肠道消化有益微生物总量,修复肠道内黏膜,调节机体内部的肠道环境,连用5天。

四、赤皮病

【流行情况】我国各养鱼地区均有发生,特别是华东、华南、华中等地。本病危害草鱼、青鱼、鲤鱼、鲫鱼、团头鲂等多种淡水鱼,是草鱼、青鱼的主要疾病之一。此病多发生于二至三龄大鱼,当年鱼也可发生,常与肠炎病、烂鳃病同时发生,形成并发症。一年四季都有流行,多由寄生虫、冻伤、擦伤及分塘中机械碰伤感染病菌所致,尤其是在捕捞、运输后,及北方越冬后,最易暴发流行。而鱼的体表完整无损时病原菌无法侵入鱼的皮肤,不会发病。

【病原】病原为荧光假单胞菌,属假单孢菌科。荧光假单孢菌广泛存在于水中、土壤中。菌体为短杆状,两端圆形,单个或两个相连,

101

有动力,极端 1~3 根鞭毛;无芽孢,革兰阴性。琼脂培养签上菌落呈灰白色,半透明,24 小时左右开始产生绿色或黄绿色的色素,弥漫培养基;肉汤培养生长丰盛,均匀混浊,微有絮状沉淀,表面有光滑柔软的层状菌膜,一摇即散,24 小时后,培养基表层产生色素;明胶穿刺 24 小时后杯状液化,72 小时后层面形液化,液化部分现色素。

【症状】病鱼行动缓慢,离群独游于水面。体表局部或大部分出血发炎,鳞片脱落,尤其是鱼体两侧及腹部最为明显;鳍的基部或整个鳍充血,鳍的梢端腐烂,常烂去一段,鳍条间的软组织也常被破坏,使鳍条呈扫帚状,称为蛀鳍;在鳞片脱落和鳍条腐烂的地方往往有水霉寄生。

【诊断要点】根据外表症状即可诊断。本病病原菌不能侵入健康鱼的皮肤,因此病鱼有受伤史,这点对诊断有重要意义。因放养、扦捕、体表寄生大量寄生虫等原因造成鱼体受伤后,给病原造成可乘之机是发病的基础。同时,冬季由于冻伤,藕塘中饲养的草鱼、青鱼也容易发生赤皮病。确诊需要分离鉴定病原菌。

注意该病与疖疮病相区别,疖疮病的初期体表也充血发炎,鳞片脱落,但局限在小范围内,且红肿部位高出体表。

【破解方案】

1. 预防

彻底清塘消毒,保持水质清洁。选择优质健壮鱼种,鱼种下塘前每立方米水中加高锰酸钾 15~20 克的溶液药浴 15~30 分。用漂白粉 5~10 毫克/千克溶液浸洗 20~30 分。加强饲养管理,保持水质优良;投喂优质颗粒饲料,增强鱼体抵抗力;放养、搬运等操作过程中动作要轻,避免鱼体受伤;越冬池应保持足够的水深,以防鱼体冻伤。发现鱼体表有寄生虫寄生,要及时将寄生虫杀灭。发现鱼体受伤后,应立即全池遍洒 1~2 次消毒药。每半月用漂白粉或生石灰或三氯异氰脲酸粉或二氧化氯等消毒剂全池泼洒。

2. 治疗

病情早期可全池泼洒消毒剂 1~3 次。

(1)外用药 ①全池泼洒优氯净,每亩水深 1 米用药 200~250 克,隔天重复 1 次;或全池泼洒二氧化氯,每亩水深 1 米用药 100 克,隔天重复 1 次;或选用其他类型的氯消毒剂。②五倍子,每亩水深 1 米用药 800～2 000 克,水煎半小时后水与药渣一起全池泼洒,隔天重复 1 次。

　　(2)内服药　①拌料投喂氟苯尼考,按千克饲料 1～1.5 克,每天 1 次,连用 3～5 天。②每千克饲料每天用诺氟沙星 1～2 克拌饵料投喂,每天 1 次,连喂 5～7 天。③每千克饲料中加复方新诺明2～3 克搅拌均匀后,制成水中稳定性好的颗粒药饲投喂,连喂 3～5 天,每天上午、下午各投喂 1 次。④每千克饲料中加磺胺 - 6 - 甲氧嘧啶 2～3 克,拌匀后制成水中稳定性好的颗粒药饲投喂,连喂 4～6 天,第一天用药量加倍。每天投喂 1 次。⑤大蒜拌饲料投喂,每 100 千克鱼每天用蒜头 500 克捣碎拌饲,分上午、下午 2 次投喂,连喂 3 天,加入等量食盐,可提高疗效。⑥每千克饲料用黄连 60 克,百部、鱼腥草、大青叶各 40 克,碾粉或煎汁拌入饲料中投喂,连喂 3～5 天。⑦每千克饲料用鲜菖蒲 1～1.5 千克捣汁拌入饲料中投喂,饲料投喂量为鱼体重的 1% 左右,每天投喂1～2次,连喂 3～6 天。⑧每千克饲料用五倍子、三黄粉、干辣蓼(三者比例为1∶5∶1.5)共 50 克,粉碎混合,拌入饲料中投喂,每天 1 次,连喂 3～4 天。

五、竖鳞病

　　【流行情况】竖鳞病又称鳞立病、松鳞病、松球病,为鲤鱼、鲫鱼等的一种常见病。近年来,乌鳢、月鳢、宽体鳢等也常有发生,草鱼、青鱼、鳙鱼也偶有发生。此病通常在成鱼和亲鱼养殖中出现,发病后的死亡率为 50% 左右,严重时,死亡率可达 80% 以上。鲤鱼、鲫鱼、金鱼竖鳞病主要发生于春季,水温为 17～22℃ 时,以北方地区非流水养鱼池中较流行;乌鳢、月鳢等则在夏季,水温为 25～34℃ 时为发病高峰期,流行于广东、湖南、湖北、江西、浙江、江苏等地区,且大多呈急性流行。疾病的发生大多与鱼体受伤、池水污浊、投喂变质饵料及鱼体抗病力降低有关。

　　【病原】竖鳞病病原是水型点状假单孢杆菌。菌体呈短杆状,单个排列,有动力,无芽孢,革兰染色阴性。

　　【症状】病鱼离群独游,游动缓慢,呼吸困难,腹部向上。疾病发

103

生早期,鱼体发黑,体表粗糙。之后,病鱼身体前部或胸腹部鳞片像松球一样向外张开,鳞片基部囊内水肿,内部积聚着半透明或含血的渗出液,用手轻压鳞片,渗出液从鳞囊中溢出,鳞片也随之脱落。严重时,全身鳞片竖起(图4-2),并有体表充血、眼球突出、腹部膨大、肌肉浮肿等体表症状。剖腹后,腹腔内积有腹水,肝、脾、肾等内脏肿大、色浅等综合症状。病鱼身体失去平衡,最终死亡。通常发病2~3天后即死亡。

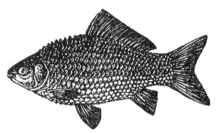

图4-2 患竖鳞病的鲫鱼

【诊断要点】根据其症状如鳞片竖起,眼球突出,腹部膨大,腹水,鳞囊内有液体,轻压鳞片可喷射出渗出液,可做出初步判断。但必须注意,当大量鱼波豆寄生在鲤鱼鳞囊内时,也会引起竖鳞症状,用显微镜镜检鳞囊内渗出液即可对该病做出正确诊断。

【破解方案】

1. 预防

鱼体表受伤是引起本病的可能原因之一,因此在捕捞、过数、运输和放养过程中,一定要使用尼龙网,严禁使用聚乙烯网,应边拉网边出池,避免出现挂浆鱼现象,尽量小心操作,勿使鱼体受伤,以免造成细菌感染。

在未发病时应采用注新水,使池塘水成微流状,可使因病原感染鱼体症状消失,并扼制病原的存在。

每半月用漂白粉或生石灰或三氯异氰脲酸粉或二氧化氯等消毒剂全池泼洒。

放养前用每50千克水加入捣烂的大蒜250克,浸洗病鱼3~5次。

放养前用3%食盐水浸洗病鱼10~15分或用2%食盐和3%小

苏打混合液浸洗 10 分。

2. 治疗

采用内服外用的方法,选用下面一种外用药和内服药配合使用。

(1)外用药　①全池泼洒优氯净,每亩水深 1 米用药 200 ~ 250 克,隔天重复 1 次。②全池泼洒二氧化氯或二溴海因,每亩水深 1 米用药 200 克,隔天重复 1 次。

(2)内服药　①拌料投喂氟苯尼考(或甲砜霉素 1 ~ 1.5 克),按每千克饲料 1 ~ 1.5 克,每天 1 ~ 2 次,连用 3 ~ 5 天。②每千克饲料每天用诺氟沙星 1 ~ 2 克拌饵料投喂,每天 1 次,连喂 5 ~ 7 天。③每千克饲料中加复方新诺明 2 ~ 3 克搅拌均匀后,制成水中稳定性好的颗粒药饲投喂,连喂 3 ~ 5 天,每天上午、下午各投喂 1 次。④每千克饲料中加磺胺 - 6 - 甲氧嘧啶 2 ~ 3 克,拌匀后制成水中稳定性好的颗粒药饲投喂,连喂 4 ~ 6 天,第一天用药量加倍,每天投喂 1 次。⑤大蒜拌饲料投喂,每 100 千克鱼每天用蒜头 500 克捣碎拌饲,分上午、下午 2 次投喂,连喂 3 天,加入等量食盐,可提高疗效。⑥每千克饲料用黄连 60 克,百部、鱼腥草、大青叶各 40 克,碾粉或煎汁拌入饲料中投喂,连喂 3 ~ 5 天。⑦每千克鱼饲料鲜菖蒲 1 ~ 1.5 千克捣汁拌入饲料中投喂,饲料投喂量为鱼体重的 1% 左右,每天投喂 1 ~ 2 次,连喂 3 ~ 6 天。⑧每千克饲料用五倍子、三黄粉、干辣蓼(三者比例为 1 : 5 : 1.5)共 50 克,粉碎混合,拌入饲料中投喂,每天 1 次,连喂 3 ~ 4 天。

六、烂尾病

【流行情况】烂尾病主要流行于春夏及秋季,冬季发生少,发病季节大多集中于春季和立秋前后。通常在池塘淤泥过多,养殖水质较差,池塘施用未充分发酵的粪肥,在苗种拉网锻炼或分池、运输后,因操作不慎,尾部受损伤,或被寄生虫等损伤后,经皮肤接触感染。危害草鱼、罗非鱼、鲤、鳗等多种淡水鱼,可引起鱼种大批死亡;成鱼也患此病,但一般死亡率较低。

【病原】主要为温和气单胞菌、嗜水气单胞菌等多种革兰阴性杆菌。

【**症状**】发病开始时,鱼的尾柄处皮肤变白,因失去黏液而手感粗糙。随后,尾鳍开始发炎、糜烂,并伴有充血。最后,尾鳍大部分或全部断裂,尾柄处皮肤腐烂,肌肉红肿、溃烂,严重时整个尾部烂掉露出骨骼。病鱼游动缓慢,呼吸困难,食欲减退,严重时停食,鱼体失衡。在水温较低时,常继发水霉感染。

【**诊断要点**】根据症状和流行情况初诊。

【**破解方案**】

1. 预防

定期加注新水,保持良好水质,常开增氧机。避免鱼体受伤,及时发现和杀灭寄生虫。对水体定期消毒,用 30 ~ 40 毫克/升的生石灰全池泼洒,每 10 天 1 次。

2. 治疗

采用内服外用的方法,选用下面一种外用药和内服药配合使用。

(1)外用药　①全池泼洒优氯净钠,每亩水深 1 米用药 200 ~ 250 克,隔天重复 1 次。②全池泼洒二氧化氯或二溴海因,每亩水深 1 米用药 200 克,隔天重复 1 次。③用 0.5% ~ 0.7% 的食盐与土霉素 10 ~ 15 毫克/升浸洗病鱼 48 小时。

(2)内服药　①每千克饲料用氟苯尼考 1 ~ 1.5 克(或甲砜霉素 1 ~ 1.5 克)拌饲投喂,每天 1 次,连用 3 ~ 5 天。②每千克饲料用复方新诺明 3 克,拌饲投喂,每天 1 次,连用 5 天。③每千克饲料中加磺胺 - 6 - 甲氧嘧啶 2 ~ 3 克,拌匀后制成水中稳定性好的颗粒药饲投喂,连喂 4 ~ 6 天,第一天用药量加倍,每天投喂 1 次。

七、打印病

【**流行情况**】打印病又名腐皮病。本病是鲢鱼、鳙鱼常见的一种疾病,草鱼、青鱼、团头鲂、黄尾鲴、加州鲈、大口鲶、斑点叉尾鮰等鱼也有病例报道,主要危害成鱼和亲鱼。全国各地均有散在性流行,发病池中,感染率可高达 80% 以上,大批死亡的病例很少发生,但严重影响鱼的生长、繁殖。本病全年均可发生,以夏、秋两季最为常见。由于病程较长,尤其是初期症状不容易发现,常被忽视,导致高发病率。

【病原】打印病病原是点状产气单孢杆菌点状亚种。菌体短杆状,大小(0.6~0.7)微米×(0.7~1.7)微米。菌体繁殖的适宜温度为28℃左右,pH 为 3~11。

【症状】该病发病初期,鱼的肛门两侧皮肤病灶处出现圆形或椭圆形出血性红斑,肌肉发炎,随后红斑处鳞片脱落,表皮腐烂,露出肌肉,坏死部位的周缘充血发红,外周缘鳞片疏松,皮肤充血发炎,形成鲜明的轮廓,好似在鱼体表加盖红色印章,故叫打印病。随着病情的发展,病灶直径逐渐扩大,肌肉向深层腐烂,甚至露出骨骼,病鱼游动迟缓,食欲减退,鱼体瘦弱,终致衰弱而死。

【诊断要点】此病直观,容易诊断。根据病鱼特定部位出现的特殊病灶诊断,注意与疖疮病区别。打印病病灶通常出现在肛门附近的两侧,且对称,而疖疮病病灶通常在背鳍基部附近两侧,且典型特征为皮下肌肉组织发生隆起形成脓疱。

【破解方案】

1. 预防

在拉网、运输时操作要细心,勿使鱼体受伤。在发病季节每半月用漂白粉、生石灰或用其他高效氯制剂全池消毒杀菌预防。每亩水体用五倍子 1~2 千克煎半小时全池泼洒。

2. 治疗

采用内服外用的方法,选用下面一种外用药和内服药配合使用。

(1)外用药　①第一天每亩水深 1 米用漂白粉 1 千克化水全池泼洒,第二天每亩水面用苦参 1 千克煎水全池泼洒,隔 1 天再用 1 次,连用 10 天。②每亩水深 1 米用土霉素 100 克化水全池泼洒。③患病亲鱼,可用高锰酸钾或碘酒或过氧化氢擦洗伤口,除去腐烂的组织,然后涂上消炎药膏。

(2)内服药　①每千克饲料加入氟苯尼考或甲砜霉素 1~1.5克,每天投喂 1~2 次,连喂 3~5 天。②每千克饲料加入鱼用三黄散50 克拌饲料投喂,每天 1~2 次,连喂 3~5 天。③每千克饲料用诺氟沙星 3 克(或氧氟沙星 1 克或氟甲喹 2 克)拌饲料投喂,连喂 3~5天。④每千克饲料用复方新诺明 2~3 克拌饲投喂,1 天 1 次,连用 5天,首次用量加倍。

八、疖疮病

【流行情况】疖疮病又称瘤痢病,主要危害青鱼、草鱼、鲤鱼,鲢鱼、鳙鱼则不多见。在养殖密度较大,水中溶氧低,水质较差的鱼塘较易发生。此病无明显流行季节,四季都有出现,一般为散发性发生。此病通常发生于一龄以上的鱼,不引起流行病。我国各养殖地区均有发生,但发病率较低。

【病原】疖疮病病原是运动性气单孢菌(又名疖疮型点状产气单孢杆菌),革兰阴性短杆菌,单个或两个相连,极端单鞭毛,有动力,不形成芽孢,最适温度为 25～30℃。

【症状】该病症状是鱼体躯干的局部组织上有一个或几个脓疮,通常在鱼体背鳍基部附近的两侧。病灶存在于皮下肌肉内,病灶内部肌肉组织溶解、出血、渗出体液,有大量细菌和血球。触摸有柔软浮肿感,隆起皮肤先是充血,以后出血,再发展到坏死、溃烂、形成溃疡口。

【诊断要点】背部病灶向外隆起,皮肤充血发红;用手触摸病灶有波动感,切开病灶有血脓流出,原有肌肉坏死、溶解;病灶自行破溃,则形成火山口样的溃疡。

【破解方案】

1. 预防

每亩水深 1 米用含漂白粉 800～1 000 克,或 20% 二氯异氰脲酸钠 200～400 克,或 30% 三氯异氰脲酸粉 150～300 克,或 8% 二氧化氯 100～300 克全池泼洒,15 天 1 次。

每亩水深 1 米用 8% 溴氯海因,150～200 克全池泼洒,15 天 1 次。

每亩水深 1 米用 10% 聚维酮碘溶液 400～800 毫升全池泼洒,15 天 1 次。

每亩水深 1 米用五倍子 2 000 克,磨碎后煎水全池泼洒,15 天 1 次。

每亩水深 1 米用大黄 1 500～2 000 克,先将大黄用 20 倍重量的 0.3% 氨水浸泡提效后,再连水带渣,全池泼洒,15 天 1 次。

2. 治疗

采用内服外用的方法,选用下面一种外用药和内服药配合使用。

(1)外用药　①全池泼洒优氯净,每亩水深 1 米用药 200 ~ 250 克,隔天重复 1 次。②全池泼洒二氧化氯或二溴海因,每亩水深 1 米用药 200 克,隔天重复 1 次。

(2)内服药　①拌料投喂氟苯尼考(或甲砜霉素 1 ~ 1.5 克),按每千克饲料 1 ~ 1.5 克,每天 1 ~ 2 次,连用 3 ~ 5 天。②每千克饲料每天用诺氟沙星 1 ~ 2 克(或氧氟沙星 1 克,或氟甲喹 2 克)拌饵料投喂,每天 1 次,连喂 5 ~ 7 天。③每千克饲料中加复方新诺明 2 ~ 3 克搅拌均匀后,制成水中稳定性好的颗粒药饲投喂,连喂 3 ~ 5 天,每天上午、下午各投喂 1 次。④每千克饲料中加磺胺 – 6 – 甲氧嘧啶 2 ~ 3 克,拌匀后制成水中稳定性好的颗粒药饲投喂,连喂 4 ~ 6 天,第一天用药量加倍。每天投喂 1 次。

九、白皮病

【流行情况】白皮病亦称白尾病,细菌性鱼病之一。本病主要危害鲢鱼、鳙鱼,其他鱼类也可发生,尤其对鱼苗和夏花危害较大,死亡率高,可达50%以上,病程短,从发病至死亡 2 ~ 3 天。广泛流行于我国各地鱼苗、鱼种池,每年 6 ~ 8 月为流行季节。尤其在夏花分塘前后,因操作不慎或体表有大量车轮虫等原虫寄生,导致鱼体受伤,病菌乘虚而入。

【病原】白皮病病原为柱状屈挠杆菌或白皮假单孢菌。

【症状】该病症状是发病初期,尾柄某处出现 1 个白点,然后迅速扩展蔓延,以至背鳍与臀鳍间的体表至尾鳍基部全部发白,严重时,尾鳍烂掉或残缺不全。病鱼的头部向下,尾部向上,与水面垂直,时而做挣扎状游动,时而悬挂于水中,不久即死亡。

【诊断要点】根据症状和流行特点即可初步确诊。背鳍以后至尾柄部分皮肤变白,镜检有大量杆菌存在;鳍条、皮肤无充血、发红现象;主要流行在鲢鱼、鳙鱼的夏花鱼苗鱼种中。

【破解方案】

1. 预防

每亩水深 1 米用含氯石灰(漂白粉)800～1 000 克,或 20% 二氯异氰脲酸钠 200～400 克,或 30% 三氯异氰脲酸粉 150～300 克,或 8% 二氧化氯 100～300 克全池泼洒,15 天 1 次。

每亩水深 1 米用 8% 溴氯海因,每亩水体,150～200 克全池泼洒,15 天 1 次。

每亩水深 1 米用 10% 聚维酮碘溶液 400～800 毫升全池泼洒,15 天 1 次。

每亩水深 1 米用五倍子 2 000 克,磨碎后煎水全池泼洒,15 天 1 次。

每亩水深 1 米大黄 1 500～2 000 克,先将大黄用 20 倍重量的 0.3% 氨水浸泡提效后,再连水带渣,全池泼洒,15 天 1 次。

2. 治疗

采用内服外用的方法,选用下面一种外用药和内服药配合使用。

(1)外用药 ①全池泼洒优氯净,每亩用药 200～250 克,隔天重复 1 次。②全池泼洒二氧化氯或二溴海因,每亩用药 200 克,隔天重复 1 次。

(2)内服药 ①拌料投喂氟苯尼考(或甲砜霉素 1～1.5 克),按每千克饲料 1～1.5 克,每天 1～2 次,连用 3～5 天。②每千克饲料每天用诺氟沙星 1～2 克(或氧氟沙星 1 克,或氟甲喹 2 克)拌饵料投喂,每天 1 次,连喂 5～7 天。③每千克饲料中加复方新诺明 2～3 克搅拌均匀后,制成水中稳定性好的颗粒药饲投喂,连喂 3～5 天,每天上午、下午各投喂 1 次。④每千克饲料中加磺胺 - 6 - 甲氧嘧啶 2～3 克,拌匀后制成水中稳定性好的颗粒药饲投喂,连喂 4～6 天,第一天用药量加倍,每天投喂 1 次。

十、白头白嘴病

【流行情况】白头白嘴病是危害夏花鱼种(草鱼、青鱼、鲢鱼、鳙鱼、鲤鱼等)的严重病害之一,尤其对草鱼危害性最大。它发病快,来势猛,往往在一天内可使成千上万的夏花草鱼死亡。流行季节一般在 5 月下旬开始出现,6 月是发病高峰,7 月中下旬以后比较少见。

【病原】病原为黏球菌一种,与上述烂鳃病病原体球菌的形态很相似。此菌为好气生长,最适宜温度为 25℃,最适宜 pH 为 7.2 左右,pH 在 6.0~8.5 都能生长。

【症状】病鱼自吻端至眼球一段的皮肤,色素消退呈乳白色。唇似肿胀,张闭失灵,因而造成呼吸困难。口圈周围的皮肤腐烂,微有絮状物黏附其上,故在池边观察水面游动的病鱼,可见白头白嘴的症状,但将病鱼拿出水面观察,则往往不明显。个别病鱼头部出现充血现象,有时还表现白皮、白尾、烂尾、烂鳃或全身多黏液等病变反应。病鱼体瘦,色较黑,有气无力地浮游在下风近岸水面,对人、声音等反应极迟钝,不久即死亡。该病是危害夏花鱼种的严重病害之一,尤其是对草鱼危害极大。该病特别容易感染那些头部易受伤的鱼。

【诊断要点】有似黏细菌的病原菌,通常只感染鱼苗和夏花鱼种。

注意与车轮虫病和钩介幼虫病的区别。从病鱼的外表来看,这两种病也可能是白头白嘴病,有一定程度的相似,但病原体不同,危害程度的差别也很大。车轮虫和钩介幼虫病来势不如白头白嘴病凶猛,死亡率也没有这么高。

【破解方案】

1. 预防

彻底清塘,每亩水深 1 米用生石灰 150 千克消毒。培育过程保持水质清洁,不施未经充分发酵的粪肥。每亩水深 1 米用 8% 二氧化氯 100~300 克或 8% 溴氯海因 150~200 克或 10% 聚维酮碘溶液 400~800 毫升全池泼洒,15 天 1 次。合理密养,及时分池。鱼苗经 20 天饲养,即要分池,降低池内密度,可有效控制该病的发生。

2. 治疗

采用内服外用的方法,选用下面一种外用药和内服药配合使用。

(1)外用药　①全池泼洒优氯净,每亩用药 200~250 克,隔天重复 1 次。②全池泼洒二氧化氯或二溴海因,每亩用药 200 克,隔天重复 1 次。③每亩水深 1 米用五倍子 2 000 克,磨碎后煎水全池泼洒,隔天再次泼洒 1 次。④每亩水深 1 米用复合碘溶液 80 毫升或

10% 聚维酮碘溶液 300～500 毫升,或 10% 聚维酮碘粉 100 克全池泼洒 1 次,隔天再次泼洒 1 次。

(2)内服药 ①拌料投喂氟苯尼考(或甲砜霉素 1～1.5 克),按每千克饲料用 1～1.5 克,每天 1～2 次,连用 3～5 天。②每千克饲料每天用诺氟沙星 1～2 克(或氧氟沙星 1 克,或氟甲喹 2 克)拌饵料投喂,每天 1 次,连喂 5～7 天。③每千克饲料中加复方新诺明 2～3 克搅拌均匀后,制成水中稳定性好的颗粒药饲投喂,连喂 3～5 天,每天上午、下午各投喂 1 次。④每千克饲料中加磺胺 - 6 - 甲氧嘧啶 2～3 克,拌匀后制成水中稳定性好的颗粒药饲投喂,连喂 4～6 天,第一天用药量加倍。每天投喂 1 次。

十一、弧菌病

【流行情况】鲀海水养殖鱼类最为常见的一种细菌性疾病,鲷科、鲈科、鲻科、鲀科、鲹科和鲆、鲽类等都可受其害。发病适宜水温为 15～25℃,每年 6～10 月是流行时间。水质不良、池底污浊、放养密度过大、饵料质量低劣、操作管理不慎、鱼体受伤等与疾病的发生密切相关,此病的地理分布是世界性的,特别是在温带地区。

【病原】该病的病原是弧菌属的一些种类,常见的有鳗弧菌、副溶血弧菌、溶藻胶弧菌、哈维弧菌、创伤弧菌等。鳗鲡弧菌病的病原菌为鳗弧菌。革兰染色阴性的短杆菌。菌体直或弯曲,极端单鞭毛,有运动能力。菌体大小(0.5～0.7)微米×(1.0～1.5)微米。在培

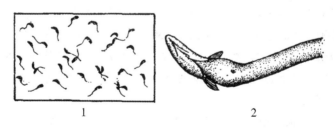

1   2

图 4 - 3 弧菌及病鳗鲡

1.鳗弧菌   2.病鱼的体前部肿胀

养基上菌体圆形,凸起,淡黄褐色,表面光滑,边缘整齐,发酵葡萄糖产酸不产气,对弧菌抑制素和新生素敏感。在 5～43℃ 时都能生长,

适宜温度 18 ~ 37℃，pH 为 5.8 ~ 10.5 时，5% 以下浓度的氯化钠中能生长，在无氯化钠培养基中生长不良，6% 的氯化钠中不生长。弧菌及患病鳗鲡症状见图 4 - 3。

【症状】该病症状因病鱼的种类、内外条件及感染途径不同而略有差异。

鳗体表点状出血，严重时，躯干部皮肤发生糜烂；肝肾肿大，肝呈土黄色，点状出血；有时肠道充血，肛门红肿，躯干部隆起，或出血性溃疡。

虹鳟体色发黑，鳃贫血，有的部位瘀血、出血，眼球突出，鳍及眼球也出血，肛门红肿，肠、肝和生殖腺上可见弥漫性出血和点状出血。肠管内有带血的黏液状物。

罗非鱼发病时，体表溃疡，体色呈斑块状褪色，有时狂游。鳍基及躯干部出血以至溃疡，有的眼球突出、出血，肛门红肿。

比较共同的病症是体表皮肤溃疡，出血变红，肛门红肿，眼球突出，眼内出血、变白。病鱼感染初期，体色多呈斑块状褪色，食欲不振，缓慢地浮游于水面，有时回旋状游泳；中度感染时，鳍基部、躯干部等发红或出现斑点状出血；随着病情的发展，患部组织浸润呈现出血性溃疡。

【诊断要点】根据症状初诊，确诊需实验室鉴定。

【破解方案】

1. 预防

每亩水深 1 米用含氯石灰（漂白粉）800 ~ 1 000 克（或二氯异氰脲酸钠 200 克，或三氯异氰脲酸粉 150 ~ 300 克，或二氧化氯 80 ~ 200 克）全池泼洒，10 天 1 次。每亩水深 1 米水体用 8% 溴氯海因 150 ~ 200 克，全池泼洒，10 天 1 次。每亩水深 1 米用 10% 聚维酮碘溶液 100 毫升全池泼洒，每 7 天 1 次。盐酸土霉素拌饲投喂，每千克饲料 0.5 ~ 1 克，1 天 1 次，连用 3 ~ 5 天。

2. 治疗

外用药加内服药同时施用，下列外用药和内服药任选其一。

（1）外用药　①每升水用高锰酸钾 15 ~ 25 毫克，浸浴，5 ~ 10 分。②全池泼洒优氯净，每亩水深 1 米用药 200 ~ 250 克，2 ~ 3 天重复1次。③全池泼洒二氧化氯或二溴海因,每亩水深1米用药200克,2~3天重复1次。④每亩水深1米用复合碘溶液80毫升(或10%聚维酮碘溶液300~500毫升,或10%聚维酮碘粉100克)全池泼洒1次,2~3天泼洒1次。

(2)内服药 ①拌料投喂氟苯尼考(或甲砜霉素1~1.5克),按每千克饲料用1~1.5克,每天1~2次,连用3~5天。②每千克饲料每天用诺氟沙星1~2克(或氧氟沙星1克,或氟甲喹2克)拌饵料投喂,每天1次,连喂5~7天。③每千克饲料中加磺胺-6-甲氧嘧啶2~3克(或磺胺-5-甲氧嘧啶3~5克),拌匀后制成水中稳定性好的颗粒药饲投喂,连喂4~6天,第一天用药量加倍。每天投喂1次。④每千克饲料中用盐酸链霉素或氨苄西林0.5~1克,1天1次,拌饲投喂,连用20天。⑤每千克饲料中用阿莫西林1~1.5克(或噁喹酸1克)拌饲投喂,1天1次,连用5~7天。

十二、鲤白云病

【流行情况】主要危害鲤鱼、加州鲈鱼。在同一网箱中不管养几种鱼,只有鲤鱼患白云病,而对草鱼、白鲢、鲫鱼等均无影响。常发于稍有流水、水质清瘦、溶氧充足的网箱养鲤及流水越冬池中。在没有流水的养鱼池中,溶氧量偏低,该病很少发生或不发生。流行温度为7~18℃。如果水温上升到20℃以上,本病会不治自愈。当鱼体受伤后更易暴发流行,常并发竖鳞病和水霉病,病鱼死亡率达65%以上。

【病原】鲤白云病病原为恶臭假单孢菌,此菌为革兰阴性短杆菌,极端多鞭毛。4℃可生长,41℃不生长,适宜pH为7~8.5,pH在6以下不生长。

【症状】患病时可见鱼体表有点状白色黏液物附着,并逐渐扩大。严重时好似全身布满白云,以头部、背部及尾鳍等处黏液更为稠密。严重时,病鱼鳞片基部充血,鳞片脱落,不摄食,游动缓慢,不久即死。剖开鱼腹,可见肝脏、肾脏充血。

【诊断要点】病初体表出现小斑点状白色黏液,随后,黏液逐渐蔓延,形成一层白色的薄膜,以头部、背部和鳍条出最为明显。

【破解方案】

1. 预防

每亩水深 1 米用含氯石灰（漂白粉）800～1000 克（或二氯异氰脲酸钠 200 克，或三氯异氰脲酸粉 150～300 克，或二氧化氯 80～200 克）全池泼洒，10 天 1 次。每亩水深 1 米用 8% 溴氯海因 150～200 克，全池泼洒，10 天 1 次。每亩水深 1 米用 10% 聚维酮碘溶液 100 毫升全池泼洒，每 7 天 1 次。盐酸土霉素拌饲投喂，每千克饲料 0.5～1 克，1 天 1 次，连用 3～5 天。

2. 治疗

外用药加内服药同时施用，下列外用药和内服药任选其一。

（1）外用药　①用 8% 溴氯海因，每亩水深 1 米 150～200 克全池泼洒，10～15 天 1 次。②全池泼洒优氯净，每亩水深 1 米用药 200～250 克，2～3 天重复 1 次。③全池泼洒二氧化氯或二溴海因，每亩水深 1 米用药 200 克，2～3 天重复 1 次。④每亩水深 1 米用复合碘溶液 80 毫升（或 10% 聚维酮碘溶液 300～500 毫升，或 10% 聚维酮碘粉 100 克）全池泼洒 1 次，2～3 天泼洒 1 次。

（2）内服药　①拌料投喂氟苯尼考（或甲砜霉素 1～1.5 克），按每千克饲料用 1～1.5 克，每天 1～2 次，连用 3～5 天。②每千克饲料每天用诺氟沙星 1～2 克（或氧氟沙星 1 克，或氟甲喹 2 克）拌饵料投喂，每天 1 次，连喂 5～7 天。③每千克饲料中加磺胺 - 6 - 甲氧嘧啶 2～3 克（或磺胺 - 5 - 甲氧嘧啶 3～5 克），拌匀后制成水中稳定性好的颗粒药饲投喂，连喂 4～6 天，第一天用药量加倍，每天投喂 1 次。④每千克饲料中用盐酸链霉素或氨苄西林 0.5～1 克，1 天 1 次，拌饲投喂，连用 20 天。⑤每千克饲料中用阿莫西林 1～1.5 克（或噁喹酸 1 克）拌饲投喂，1 天 1 次，连用 5～7 天。⑥每千克饲料用复方新诺明 2～3 克拌饲投喂，1 天 1 次，连用 5 天，首次用量加倍。

十三、链球菌病

【流行情况】主要经口感染。在病鱼的肝脏、肾脏、脾脏、心脏血液中均可以分离到病原菌。危害虹鳟、香鱼、银大麻哈鱼、罗非鱼等，从当年鱼种至成鱼均受害。全年发生，流行于夏季 7～9 月，死亡率高。

【病原】病原为海豚链球菌、无乳链球菌等。革兰阳性菌,直径1微米左右,没有运动性,无芽孢。适宜温度20~37℃,最适 pH 为7.6~8.4。

【症状】病鱼游动缓慢,分散于缓流处或头向上,尾向下,成悬垂状,或者静止于水底或离群于水面缓游,有时旋转游动后沉于水低;临死前,病鱼或间断性猛游或腹部向上。病鱼体色发黑,眼球充血、肿大、突出;鳃盖内侧充血发红或出血;体表有一处或多处隆起溃烂或带脓血的疖疮,尤以尾部多见,隆起部位出血或溃疡;肛门红肿;肝脏、脾脏、肾和肠管点状出血。病原菌如侵入脑,还可引起鱼体弯曲。

【诊断要点】病鱼在池塘表面慢游,部分会跳跃。鳃盖内侧充血发红但不腐烂,血管明显粗大。眼球突出或在池塘中眼球不突出,离水后很快突出。眼表面有白色膜,常一只眼有白色膜,一侧正常。60%左右的病鱼眼球白色处充血,肛门发红。因发病后池塘减料或不投喂,部分病鱼长期不喂饲料或少量喂料,有30%左右的鱼不表现此症状。病鱼血液凝固时间超过50秒,或血液凝固时间短于15秒。肝脏肿大、出血,部分有白色小点。肠道充血,肠道充满水样物,肠道壁变薄,部分鱼有腹水。确诊链球菌病时,可以采用无菌器具解剖病鱼,分别取鳃、肝脏、肾脏、脾脏、性腺、眼球等器官的小块组织或鳃盖内侧膜内积液,于洁净载玻片涂片,风干后,革兰染色,置于油镜下检查,可发现革兰阳性的链状球菌,发现较多的为成对球菌,结合鱼体症状可基本确诊。确认病原体的种类可通过细菌的分离鉴定或采用免疫学技术检测方法确认。

【破解方案】

1. 预防

每亩水深1米用含氯石灰(漂白粉)800~1 000克(或二氯异氰脲酸钠200克,或三氯异氰脲酸粉150~300克,或二氧化氯80~200克)全池泼洒,10天1次。每亩水深1米用8%溴氯海因150~200克,全池泼洒,10天1次。每亩水深1米用10%聚维酮碘溶液100毫升全池泼洒,每7天1次。盐酸土霉素拌饲投喂,每千克饲料0.5~1克,1天1次,连用3~5天。

2.治疗

外用药加内服药同时施用,下列外用药和内服药任选其一。

（1）外用药　①全池泼洒优氯净,每亩用药 200～250 克,2～3 天重复 1 次。②全池泼洒二氧化氯或二溴海因,每亩用药 200 克,2～3 天重复 1 次。③每亩水深 1 米用复合碘溶液 80 毫升（或 10% 聚维酮碘溶液 300～500 毫升,或 10% 聚维酮碘粉 100 克）全池泼洒 1 次,2～3 天泼洒 1 次。④每亩水深 1 米用 8% 溴氯海因,150～200 克全池泼洒,10～15 天 1 次。

（2）内服药　①拌料投喂氟苯尼考（或甲砜霉素 1～1.5 克）,按每千克饲料用 1～1.5 克,每天 1～2 次,连用 3～5 天。②每千克饲料每天用诺氟沙星 1～2 克（或氧氟沙星 1 克,或氟甲喹 2 克）拌饵料投喂,每天 1 次,连喂 5～7 天。③每千克饲料中加磺胺 -6- 甲氧嘧啶 2～3 克（或磺胺 -5- 甲氧嘧啶 3～5 克）,拌匀后制成水中稳定性好的颗粒药饲投喂,连喂 4～6 天,第一天用药量加倍。每天投喂 1 次。④每千克饲料中用盐酸链霉素或氨苄西林0.5～1 克,1 天 1 次,拌饲投喂,连用 20 天。⑤每千克饲料中用阿莫西林 1～1.5 克（或噁喹酸 1 克）拌饲投喂,1 天 1 次,连用 5～7 天。⑥每千克饲料中用螺旋霉素 1～1.5 克,拌饲投喂,1 天 1 次,连用 7～10 天。

十四、爱德华病

【流行情况】爱德华病又名肠道败血病、肝肾病。该病流行于高温期（水温 30℃左右）,晚春至秋季均有发生,夏季为流行盛期。加温饲养,水温 20℃以上,终年流行。本病流行较广,是鳗鲡、罗非鱼、加州鲈中等鱼类常见的一种细菌病,全国各地均有发生,危害严重。有急性暴发引起大批死亡的病例,但是多数是慢性死亡病例,持续时间较长。

【病原】该病病原为迟钝爱德华菌。革兰阴性,运动活泼,兼性厌氧,不形成芽孢,不抗酸。最适温度 30℃左右,最适 pH5.5～9.0。该菌存在致病株和非致病株。

【症状】感染不同鱼类产生的症状有所差异。真鲷、鲕于肾脏脾脏产生白色小点。牙鲆稚鱼主要症状为腹水,肝脏、脾脏、肾脏肿大,肠道发炎,眼球白浊。牙鲆幼鱼肾脏肿大,产生许多白点,腹水呈胶质状。鲻鱼体侧肌肉溃疡,溃疡周围肌肉组织出血,腹部充满气体而膨胀。罗非鱼病鱼食欲减退,体色发黑,离群独游;腹部膨大,肛门发红,眼球突出或混浊;白肝、肾、脾、鳔等内脏,特别是肝脏,有白色小结节样的病灶,并且发出腐臭味。

【诊断要点】根据症状及流行情况进行初步诊断。在诊断时必须与赤鳍病等区别,因体表症状很相似,所以必须剖开鱼腹,检查肾脏、肝脏是否形成脓疡病灶,因至今只发现患该病引起病鱼的肾脏、肝脏形成很多脓疡病灶。

【破解方案】

1. 预防

1 米³ 水体用 8% 溴氯海因 1 克或二氧化氯 0.5 克,将饵料水蚯蚓消毒 30 分,每 100 千克体重鱼用噁喹酸 3 ~ 5 克拌饲投喂,1 天 1 次,连用 3 ~ 5 天。每亩水深 1 米用含氯石灰(漂白粉)800 ~ 1 000 克,或 20% 二氯异氰脲酸钠 200 ~ 400 克,或 30% 三氯异氰脲酸粉 150 ~ 300 克,或 8% 二氧化氯 100 ~ 300 克全池泼洒,10 ~ 15 天 1 次。

2. 治疗

外用药加内服药同时施用,下列外用药和内服药任选其一。

(1)外用药 ①全池泼洒优氯净,每亩水深 1 米用药 200 ~ 250 克,2 ~ 3 天重复 1 次。②全池泼洒二氧化氯或二溴海因,每亩水深 1 米用药 200 克,2 ~ 3 天重复 1 次。③每亩水深 1 米用复合碘溶液 80 毫升或 10% 聚维酮碘溶液 300 ~ 500 毫升,或 10% 聚维酮碘粉 100 克全池泼洒 1 次,2 ~ 3 天泼洒 1 次。④每亩水深 1 米用 8% 溴氯海因 150 ~ 200 克全池泼洒,10 ~ 15 天 1 次。

(2)内服药 ①每千克饲料用四环素 1 ~ 1.5 克拌饲投喂,1 天 1 次,连续使用 7 ~ 10 天。②每千克饲料用氟苯尼考或诺氟沙星或甲砜霉素 2 克拌饲投喂,1 天 1 次,连续使用 5 天。③每千克饲料每天用诺氟沙星 1 ~ 2 克或氧氟沙星 1 克,或氟甲喹 2 克拌饵料投喂,每天 1 次,连喂 5 ~ 7 天。④每千克饲料中加磺胺 - 6 - 甲氧嘧啶 2 ~ 3 克(或磺胺 - 5 - 甲氧嘧啶 3 ~ 5 克),拌匀后制成水中稳定性好的颗粒药饵投喂,连喂 4 ~ 6 天,第一天用药量加倍。每天投喂 1 次。

十五、对虾红腿病

【流行情况】该病发病在 7 ~ 10 月。全国各养虾地区都有流行，常呈急性型，发病率和死亡率都很高，达 90% 以上，此病感染率高，是对虾养殖中危害较严重的细菌性疾病，也是越冬对虾的常见病。

该病的流行与池底不清淤、不消毒，池水交换不良，放养密度过大，饲养管理不过细等有关。

【病原】已见报道的有副溶血弧菌、鳗弧菌、溶藻弧菌、气单胞菌和假单胞菌等可导致此病发生。

【症状】附肢变红，特别是游泳足变红，病虾一般在池边慢游，或沉底不动，或离群独游，有时做旋转游动或垂直游动；对外界的惊扰反应迟钝；食欲减退或停止吃食。个体消瘦，甲壳与肌肉间空隙大；头胸甲心区上方由原来的青色透明变为白色，后期变为淡橘红色，形状为三角形。最主要的症状是附肢变红，游泳足最早变红，以后步足及尾肢也呈鲜红色。肝胰腺和心脏颜色变浅，轮廓不清，甚至溃烂或萎缩。发病后 2 ~ 4 小时开始死亡，死亡率高达 90%。病虾行动呆滞，重者倒伏池边。

【诊断要点】病虾活动能力减弱、食欲减退、游泳肢变红、鳃变黄。当环境恶化时，游泳足可暂时变红，但条件改善后环境稳定、增加营养短时内可恢复。

【破解方案】

1. 预防

每亩水深 1 米用含氯石灰（漂白粉）800 ~ 1 000 克，或 20% 二氯异氰脲酸钠 200 ~ 400 克，或 30% 三氯异氰脲酸粉 150 ~ 300 克，或 8% 二氧化氯 100 ~ 300 克全池泼洒，10 ~ 15 天 1 次。大蒜捣烂取汁全池泼洒，每亩水深 1 米用 2 500 ~ 5 000 克。高温季节每千克饲料可添加 3 ~ 4 克高稳定性维生素 C 和维生素 E。

2. 治疗

外用药加内服药同时施用，下列外用药和内服药任选其一。

（1）外用药　①全池泼洒优氯净，每亩水深 1 米用药 200 ~ 250 克，2 ~ 3 天重复 1 次。②全池泼洒二氧化氯或二溴海因，每亩水深 1

米用药 200 克,2~3 天重复 1 次。③每亩水深 1 米用复合碘溶液 80 毫升或 10% 聚维酮碘溶液 300~500 毫升,或 10% 聚维酮碘粉 100 克全池泼洒,2~3 天泼洒 1 次。④每亩水深 1 米用 8% 溴氯海因,每亩水深 1 米,150~200 克全池泼洒,10~15 天 1 次。

（2）内服药 ①每千克饲料用四环素 1~1.5 克拌饲投喂,1 天 1 次,连续使用 7~10 天。②每千克饲料用氟苯尼考或诺氟沙星或甲砜霉素 2 克拌饲投喂,1 天 1 次,连续使用 5 天。③每千克饲料每天用诺氟沙星 1~2 克(或氧氟沙星 1 克,或氟甲喹 2 克)拌饵料投喂,每天 1 次,连喂 5~7 天。④每千克饲料中加磺胺 −6 −甲氧嘧啶 2~3 克(或磺胺 −5 −甲氧嘧啶 3~5 克),拌匀后制成水中稳定性好的颗粒药饲投喂,连喂 4~6 天,每天投喂 1 次,第一天用药量加倍。⑤每千克饲料中添加土霉素 2 克或诺氟沙星 1 克,或大蒜 5~10 克拌成药饵,连续投喂 5~7 天。

十六、鳖红脖子病

【流行情况】鳖红脖子病又名脖子病、俄托克病、阿多福病、猪肥头症、红肿腹水病。该病主要危害亲鳖及成鳖,死亡率可达 20%~30%。长江流域的流行季节为 3~6 月,此时的鳖刚度过休眠期,体弱,池水中的嗜水气单孢菌嗜水亚种乘机侵入,造成发病。华北地区为 7~8 月,有时可持续至 10 月中旬。流行温度为 18℃ 以上。

【病原】该病病原为嗜水气单孢菌。

【症状】病鳖脖颈红肿,充血,伸缩困难是其主要症状。有的病鳖周身水肿,腹部可见多个大小不一的红斑,并不断溃烂,口鼻出血,眼睛白浊,严重时失明。病鳖口腔、食管、胃、肠的黏膜呈明显的点状、斑块状、弥散性出血,肝脏肿大,呈土黄色或灰黄色,有针尖大小的坏死灶,脾肿大。病鳖对外界环境反应的敏感性降低,行动迟缓,或浮于水面,或伏于沙地、食台或阴凉处,或潜伏于泥沙中不动,大多在上岸晒背时死亡。

【诊断要点】病鳖浮在水面或岸边,不肯下水,在"晒台"上也呈昏睡状态。若属早春,当水温在 18℃ 以上时,鳖仍喜欢钻入泥沙中休息。

体外检查,鳖脖子发炎充血、肿胀,以至不能正常伸缩;腹甲出现红斑,并逐渐溃粒,眼睛失明,舌尖、口鼻出血。大多数在上岸晒背时死亡。

解剖发现:口腔、食管、胃、肠的黏膜呈明显的点状、斑块状、弥漫性出血;肝脏肿大,质脆易碎,有的肝表面呈土黄色或灰黄色,有针尖大小的坏死灶;胆囊内充满脓汁;脾肿大。其中口腔呈弥漫性出血较为常见(占80%),胃肠黏膜出血也较多见。

【破解方案】

1. 预防

水温是导致红脖子病的重要因素,操作中要尽力保持水温的相对恒定。若水温变幅大,要经常消毒池水、控制水体内病原菌的相对密度。做好分级饲养,避免鳖互咬受伤,受伤的鳖不要放入池中。定期用 2 毫克/升的漂白粉或 0.5 毫克/升三氯异氰脲酸粉泼洒消毒。每千克鳖用 15 万~20 万国际单位的庆大霉素或卡那霉素投喂,每天 1 次,连续 3~6 天。

2. 治疗

(1)外用药 ①全池泼洒优氯净,每亩水深 1 米用药 200~250克,2~3 天重复 1 次。②全池泼洒二氧化氯或二溴海因,每亩水深 1 米用药 200 克,2~3 天重复 1 次。③每亩水深 1 米用复合碘溶液 80毫升(或 10% 聚维酮碘溶液 300~500 毫升,或 10% 聚维酮碘粉 100克)全池泼洒,2~3 天泼洒 1 次。④每亩水深 1 米用 8% 溴氯海因,每亩水深 1 米,150~200 克全池泼洒,10~15 天 1 次。

(2)内服药 ①每千克饲料用四环素 1~1.5 克拌饲投喂,1 天 1 次,连续使用 7~10 天。②每千克饲料用氟苯尼考或诺氟沙星或甲砜霉素 2 克拌饲投喂,1 天 1 次,连续使用 5 天。③每千克饲料每天用诺氟沙星 1~2 克(或氧氟沙星 1 克,或氟甲喹 2 克)拌饵料投喂,每天 1 次,连喂 5~7 天。④每千克饲料中加磺胺-6-甲氧嘧啶2~3 克(或磺胺-5-甲氧嘧啶 3~5 克),拌匀后制成水中稳定性好的颗粒药饲投喂,连喂 4~6 天,第一天用药量加倍每天投喂 1 次。⑤每千克饲料中添加土霉素 2 克或诺氟沙星 1 克,或大蒜 5~10 克拌成药饵,连续投喂 5~7 天。⑥选用庆大霉素、卡那霉素、链霉素等抗菌药物以后腿皮下或肌内注射患病个体,注射量为每千克鳖体重

第四章

20 万国际单位,注射后立即放入较大水面的隔离池饲养。⑦将池水放至 10 厘米,每亩水深 1 米用链霉素 300 克浅水泼洒(适用于温室),维持 3 小时后加水,每天 1 次,连续 3 次。

十七、牛蛙红腿病

【流行情况】该病发病快、传染性强、死亡率高,是危害牛蛙最为严重的疾病之一。牛蛙自蝌蚪至亲蛙均易患此病,主要危害成蛙。一年四季都可发生,尤其是水温为 20℃时,病情最为严重。该病经口和皮肤接触传染。当水质恶化、蛙体受伤、营养不良、水温和气温温差大时,更易暴发流行,死亡率高。

【病原】牛蛙红腿病的病原为嗜水气单胞菌及乙酸钙不动杆菌的不产酸菌株。

【症状】患病牛蛙行动迟钝,精神不振,跳跃无力;头、嘴、下颌、后腿和腹部出现点状出血,继而扩大为红色斑块,有时还有溃疡灶,食欲减退;感染至体表及肺、肝、脾、肠等部位后使组织坏死、出血,因此临死前呕吐、便血、腹部膨胀。

【诊断要点】根据症状即可诊断。病蛙腹部、后腿肌肉瘀血、充血,显红色。

【破解方案】

1. 预防

合理建造蛙池,每个蛙池应有独立的进、排水管,蛙池的底及四壁要光滑,慎重操作,避免蛙体受伤。蛙池使用前,要用浓度为 15 毫克/千克的漂白粉或生石灰浸洗 30 分,定期换水,保持水质清新。控制养殖密度,不超过 1 400 只/亩,且投喂足量的优质饲料,不投有病、死亡的野生青蛙和蝌蚪。引进蛙卵、蝌蚪、幼蛙要检疫,避免带入病原。保证饵料质量,合理饲喂,增强蛙体抵抗力。每亩水深 1 米用漂白粉 1 000克全池泼洒,并用 10 毫克/升的漂白粉溶液洗刷食台和饲喂用具。

2. 治疗

(1)消毒药 ①每亩水深 1 米用五倍子 1 000 ~ 2 000 克煎水全池泼洒。②每亩水深 1 米用强氯精 200 ~ 250 克全池泼洒。③全池泼洒优氯净,每亩用药 200 ~ 250 克,隔天重复 1 次。④全池泼洒二氧化氯或二溴海因,每亩水深1米用药200克,隔天重复1次。⑤每亩水深1米用8%溴氯海因150~200克全池泼洒,10~15天1次。

(2)药浴法 ①每只牛蛙用每立方米含量为8克的硫酸铜溶液浸泡15~30分。②每只牛蛙用100毫升25%葡萄糖生理盐水加40万国际单位青霉素钾,浸泡3~5分。

(3)口服药 ①用100毫升25%葡萄糖生理盐水加40万国际单位青霉素钾,以注射器口腔灌注,每200~250克重的病蛙灌药2毫升。②每千克饲料用氟苯尼考或诺氟沙星或甲砜霉素2克拌饲投喂,1天1次,连续使用5天。③每千克饲料每天用诺氟沙星1~2克(或氧氟沙星1克,或氟甲喹2克)拌饵料投喂,每天1次,连喂5~7天。④每千克饲料中加磺胺-6-甲氧嘧啶2~3克(或磺胺-5-甲氧嘧啶3~5克),拌匀后制成水中稳定性好的颗粒药饲投喂,连喂4~6天,每天投喂1次,第一天用药量加倍。

十八、尼罗罗非鱼溃烂病

【流行情况】常流行于工厂化高密度养殖和越冬保种期间,从鱼种到亲鱼都可以患此病,主要由于放养密度高、水温变化大、水质差、饲养管理不好所致,发病池塘感染率一般为30%左右,死亡率在50%以上,经济损失很大,甚至有的造成全军覆灭。

【病原】病原为嗜水气单孢菌嗜水亚种。

【症状】发病初期,在鱼头部、躯干和鳍条等处有不同程度的充血、出血病灶,病灶周围鳞片松动,并有部分脱落,随着病情发展,病灶逐渐溃烂,严重时可烂及骨骼,肝呈褐色,脾脏肿大、胆囊肿大呈墨绿色。后期病鱼体色发黑,鱼体瘦弱,摄食能力差或不摄食,浮于近水面处,反应迟钝,受惊吓也不散开,有的停留在池边不动,独游或游动缓慢,直至死亡。

【预防方法】建议养殖过程中采取综合的防制措施,发现疾病及早治疗,避免引起大范围的死亡。

1. 预防

每亩水深1米用含氯石灰(漂白粉)800~1 000克,或20%二氯异氰脲酸钠 200～400 克,或 30% 三氯异氰脲酸粉 150～300 克,或 8% 二氧化氯 100～300 克全池泼洒,15 天 1 次。每亩水深 1 米用 8% 溴氯海因 150～200 克全池泼洒,15 天 1 次。每亩水深 1 米用 10% 聚维酮碘溶液 400～800 毫升全池泼洒,15 天 1 次。每亩水深 1 米用五倍子 2 000 克,磨碎后煎水全池泼洒,15 天 1 次。每亩水深 1 米大黄 1 500～2 000 克,先将大黄用 20 倍重量的 0.3% 氨水浸泡提效后,再连水带渣,全池泼洒,15 天 1 次。

2. 治疗

采用内服外用的方法,选用下面一种外用药和内服药配合使用。

(1)外用药　①全池泼洒优氯净,每亩水深 1 米用药 200～250 克,隔天重复 1 次。②全池泼洒二氧化氯或二溴海因,每亩水深 1 米用药 200 克,隔天重复 1 次。

(2)内服药　①拌料投喂氟苯尼考(或甲砜霉素),按每千克饲料 1～1.5 克,每天 1～2 次,连用 3～5 天。②每千克饲料每天用诺氟沙星 1～2 克(或氧氟沙星 1 克,或氟甲喹 2 克)拌饵料投喂,每天 1 次,连喂 5～7 天。③每千克饲料中加复方新诺明 2～3 克搅拌均匀后,制成水中稳定性好的颗粒药饲投喂,连喂 3～5 天,每天上午、下午各投喂 1 次。④每千克饲料中加磺胺 - 6 - 甲氧嘧啶 2～3 克,拌匀后制成水中稳定性好的颗粒药饲投喂,连喂 4～6 天,第一天用药量加倍,每天投喂 1 次。

第三节　真菌性疾病安全防控关键技术

淡水鱼类真菌性疾病是由真菌感染淡水鱼引起的疾病。水霉病、鳃霉病是常见的真菌性疾病。一般情况下,真菌性疾病的发生常与机械损伤、适宜的水温等密切相关(如水霉病),有时也因细菌感染而继发感染真菌病(如鳃霉病)。真菌不仅危害淡水鱼类的幼体和成体,也危害鱼卵。目前真菌病尚无理想的治疗方案,主要是进行预防和早期治疗。

一、水霉病

【流行情况】水霉病俗称肤霉病、白毛病、长毛病。此类霉菌存在于淡水水域中,它们对温度适应范围很广,在我国各养鱼地区都有流行。此类霉菌对寄主无严格的选择性,各种饲养鱼类都可感染。在晚冬和早春,水温 15~20℃ 时发病最严重,长江中下游流域一般在 2~5 月为鱼种发病时间,4~6 月则为鱼卵发病季节。并塘越冬池中的鱼,春季清瘦水体中的鱼,处于饥饿状态下的鱼和低温冻伤的鱼最易患水霉病。春季投放鱼种时,如果操作不当引起鱼体受伤,也会引起水霉病暴发。感染后的死亡率以成鱼较低,苗种较高,鱼卵为最大,常导致淡水鱼人工繁殖的失败。

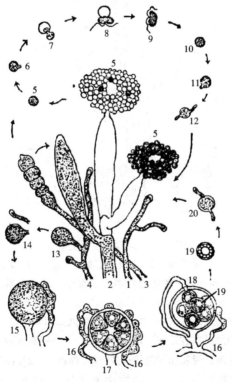

图 4-4　水霉属生活史模式

第四章

1. 外菌丝　2. 动孢子囊　3. 厚垣孢子　4. 产生雌雄性器官的菌丝
5. 静止的第一孢孢子　6~8. 第二游动孢子萌发　9. 第二游动孢子　10. 第二
孢孢子　11~12. 第二孢孢子萌发　13~14. 未成熟的藏卵器和雄器
15. 藏卵器中多数的核退化,存留的核分布在周缘　16. 成熟的雄器　17. 藏卵
器中未成熟的卵球　18. 藏卵器卵球已受精和卵孢子已形成　19. 卵孢子
20. 卵孢子萌发

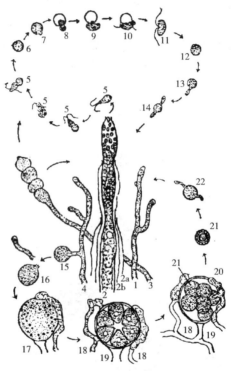

图 4-5　绵霉属生活史模式

1. 外菌丝　2. 动孢子囊　2a. 第一代动孢子囊　2b. 第二代动孢子囊
3. 厚垣孢子及其菌丝　4. 产生雌雄性器官的菌丝　5. 第一游动孢子　6. 第一
孢孢子静止　7~10. 第二游动孢子萌发　11. 第二游动孢子　12. 第二孢孢子
13~14. 第二孢孢子萌发　15~16. 未成熟的藏卵器和雄器　17. 藏卵器中多
数的核退化,存留的分布在周缘　18. 成熟的雄器　19. 藏卵器中未成熟的卵球
20. 藏卵器中卵球已受精和卵孢子形成　21. 卵孢子　22. 卵孢子萌发

【病原】在我国淡水水产动物中的体表和卵上共发现的水霉有
十多种,其中最常见的是水霉和绵霉。水霉对温度适应范围很广,对

水生动物种类没有选择性,凡受伤的机体和卵均可被感染致病。菌丝为管状无横隔的多核体,一端深入鱼体表,分枝多而纤细可深入到损伤或坏死的皮肤及肌肉中,具有吸收营养的作用,长在鱼体外的菌丝粗壮,分枝少,形成肉眼可见的灰白色棉絮状物。长在外面的菌丝顶端膨大而成孢子囊,从中产生多个有 2 根鞭毛的孢子。孢子游到新的寄主身上,发育而成新的水霉。菌丝顶端还可发育成精囊和卵囊。两者总是很靠近,精囊中的精子核进入卵囊和卵融合而成合子。合子脱离卵囊,发育而成新菌丝。水霉属、绵霉属生活史模式见图 4 - 4,图 4 - 5。

【症状】鱼感染水霉病的典型症状是:鱼体受伤处长满白色或灰白色的水霉菌丝,如旧棉絮状,病鱼焦躁不安,运动失常,皮肤黏液增多。水霉菌最初寄生时,一般看不出病鱼有何异常症状,当看到明显病症时,菌丝体已侵入鱼体伤口较深部位,并向外大量生长,使皮肤溃烂、组织坏死。同时,随着病灶面积的扩大,鱼体负担过重,开始出现运动失常、食欲减退、鱼体消瘦,最终病鱼因体力衰竭而死亡。感染了菌丝的鱼卵,内菌丝侵入卵膜,外菌丝穿出卵膜,使卵变成一灰白色小绒球,严重时造成大量死亡。患水霉病的鳙鱼见图 4 - 6。

图 4 - 6　患水霉病的鳙鱼

【诊断要点】根据鱼的活动和摄食情况,感染了水霉的病鱼和鱼卵,由于外菌丝长满成棉絮状,肉眼观察鱼体或鱼卵上的白毛症状即可做出诊断。由于水霉的感染往往是由于鱼体受伤后,细菌和寄生虫侵入而发炎引起的。掌握这一特征,更有利于辨认鱼病病状而正确确诊。必要时用显微镜检查菌丝体。在诊断虾蟹疾病时,要注意将纤毛虫病与水霉病区分开来,在显微镜下,纤毛虫是运动的活体。

【破解方案】

1.鱼卵水霉病的预防

加强亲鱼培育,提高鱼卵受精率。选择晴朗天气进行繁殖。产卵池及孵化用具清洗干净,用 0.3% 福尔马林溶液浸洗产卵鱼巢 20 分,或用 1% ~3% 食盐溶液浸洗产卵鱼巢 20 分,或用 0.5% 的硫酸铜溶液浸洗产卵鱼巢 10 ~30 分,或用高锰酸钾溶液或漂白粉溶液浸洗消毒后再用。受伤的亲鱼,可直接在伤口上涂抹高浓度的甲紫或高锰酸钾,防止水霉病感染。孵化过程中,应多次用亚甲基蓝(3 毫克/升)或制霉菌素(60 毫克/升)浸泡处理。

2. 鱼类水霉病的预防

除去池底过多淤泥,并用每亩用生石灰 100 千克(或 1 克漂白粉)后进行消毒,可以减少此病的发生。入池前用 3% ~5% 的食盐水浸浴鱼种 8 ~10 分。越冬鱼塘水深保持在 2 米以上。在春季放鱼种过程中,操作要尽量仔细,勿使鱼体受伤。加强饲养管理,提高鱼的免疫力。每 100 千克鱼用 0.1 ~0.2 克维生素 C 拌料投喂,每天喂 2 次,连喂 3 天。可以有效提高鱼体抵抗力。

3. 鱼类水霉病的治疗

发现该病时迅速排出池水,注入清水(排注水量每次为 20 厘米),或将鱼迁移至水质清新的池塘或流动的水域中。每亩水深 1 米用高聚碘 100 ~150 克(或硫醚沙星 300 克),全池泼洒。每亩水深 1 米用全池泼洒小苏打 400 克与二溴海因 200 克的合剂进行治疗,或者使用 250 克的硫醚沙星全池泼洒同样有显著疗效。用 4% 的食盐和 4% 小苏打合剂全池泼洒,每天 1 次,连用 2 天。不过早期治疗效果较好,而后期治疗效果不大。每亩水深 1 米用五倍子 1 千克磨碎,煎水后加盐 0.5 ~1 千克全池泼洒,每天 1 次,连续 3 天。

二、鳃霉病

【流行情况】该病是散在性流行,无明显的地区分布。水质恶化,有机质含量高,发臭的鱼塘易发生此病。草鱼、青鱼、鳙鱼、鲫鱼、鲮鱼、银鲴等都可感染,其中鲮鱼苗最敏感,广东有些地区鲮鱼鱼苗的发病率达 70% ~80%,死亡率达 90%,称埋坎病。白鲢也有时发现该病。从鱼苗到成鱼都可感染鳃霉病,尤其是鱼苗受害最大。每年 5 ~10 月流行,尤以 5 ~7 月水温高达 25 ~35℃ 条件下为最为严重。

【病原】病原体是鳃霉菌(图 4 - 7)。通过孢子与鳃直接接触而感染。我国鱼类寄生的鳃霉,从菌丝的形态和寄生情况来看,表现出两种不同的类型。寄生在草鱼鳃上的鳃霉,菌丝较粗直而少弯曲,分枝很少,通常是单枝延长生长,不进入血管和软骨,仅在鳃小片的组织内生长,菌丝的直径为 20 ~ 25 微米,孢子较大,直径为 7.4 ~ 9.6 微米,平均 8 微米,称血鳃霉。寄生在青鱼、鳙鱼、鲮鱼、黄颡鱼鳃上的鳃霉,菌丝较细,壁厚,常弯曲成网状,分枝特别多,分枝沿鳃丝血管或穿入软骨生长,纵横交错,充满鳃丝和鳃小片,菌丝的直径为 6.6 ~ 21.6 微米,孢子的直径为 4.8 ~ 8.4 微米,平均 6.6 微米,称穿移鳃霉。

1　　　　　　　　　　　2

图 4 - 7　鳃霉菌

1.鳃霉的菌丝体　2.鳃霉在鳃丝组织中的情况

【症状】病鱼失去食欲,游动缓慢,呼吸困难。鳃出血、瘀血或失血,鳃瓣点状出血,呈现花鳃。鳃上黏液增多,部分鳃丝发白并呈坏死、腐烂脱落;病重时鱼高度贫血,整个鳃呈青灰色。鳃霉病的出现往往是急性发作,从发现病原体时起,如果环境条件适宜,1 ~ 2 天即可大量繁殖,池鱼随即发生暴发性急剧死亡,死亡率达 60% 以上。慢性型表现的症状不明显,有时表现为鳃的小部分坏死,个别部分因失血而呈苍白色。有些病鱼的鳃瓣末端呈浮肿现象。

【诊断要点】鳃霉病必须借助显微镜确诊。用显微镜检查鳃,当发现鳃上有大量鳃霉寄生时,即可做出诊断。

【破解方案】

1.预防

经常保持池水新鲜清洁,适时加入新水,可以减少发病机会。用生石灰清塘代替茶粕清塘,可以预防鳃霉病的发生。发病鱼池立即冲注新水。每亩水深 1 米用漂白粉 800 克全池遍洒,15 天 1 次。

2. 治疗

目前尚无有效治疗措施。发病时,立即更换池水;全池泼洒优氯净,每亩水深 1 米用药 200 ~ 250 克,隔天重复 1 次;全池泼洒二氧化氯,每亩水深 1 米用药 100 克,隔天重复 1 次;每亩水深 1 米用漂白粉 800 克全池遍洒,隔天重复 1 次;每亩水深 1 米可用食盐 2.5 千克溶解后全池泼洒;每亩水深 1 米用五倍子 1 ~ 2 千克煎水全池泼洒。

三、镰刀菌病

【流行情况】镰刀菌在土壤、淡水和海水中广泛存在,可危及植物、低等动物直到哺乳动物,甚至人都可被感染患病,引起大量死亡。同时,镰刀菌产生的色素中含有毒物质,人或牛、羊吃后,往往引起中毒。镰刀菌病在世界各国都有发生。

镰刀菌病对淡水鱼类的危害,目前知道主要是危害加州鲈,严重时可引起大批死亡,尤其是当并发细菌病及固着类纤毛虫病时,危害就更严重。网箱养殖及越冬池中高密度养殖时,镰刀菌病更易发生。除此之外,此病在虾类中发病率较高,也称全身性败血病、霉菌性黑鳃病、镰孢菌病。镰刀菌是一种条件致病菌,当对虾由于创伤、摩擦、化学物质或其他生物的伤害后,病原体才能趁机侵入,逐渐发展成为严重的疾病,引起宿主死亡。分布的地区几乎是世界性的。在我国有些地区人工越冬的中国对虾亲虾曾因此病引起大批死亡。此病是一种慢性病,在养成期的对虾上尚未发现有此病发生。

【病原】寄生在虾上的镰刀菌我国已查明的有四种:即腐皮镰刀菌、尖孢镰刀菌、三线镰刀菌和禾谷镰刀菌。菌丝为细长多分枝丝状体,菌丝内无横隔,成熟菌丝以大、小分生孢子方式繁殖。大分生孢子镰刀状或新月状,有横隔。小分生孢子卵圆形。当环境条件不利时可以形成厚膜孢子。

【症状】镰刀菌病病鱼的头部、背部、背鳍及尾部的表皮开始充血发炎,接着发生溃烂,长出大量细小的丝状物,形似水霉状;此时常并发细菌及固着类纤毛虫感染,更加速病情恶化,严重时病鱼溃烂处的骨骼外露而死亡。

镰刀菌多寄生在病虾头胸甲鳃区、附肢、体壁和眼球等处的组织内,被寄生处的组织有黑色素沉淀而呈黑色。寄生于鳃部时引起鳃组织坏死变黑。中国对虾越冬亲虾头胸甲、鳃区感染镰刀菌后,甲壳坏死、变黑、碎裂、脱落。黑色素沉淀是对虾组织被真菌破坏后的保护性反应。

【诊断要点】诊断根据症状,并用显微镜检查,发现病灶处有大量镰刀菌寄生,即可做出诊断。

【破解方案】

1. 预防

彻底清塘。鱼种和虾苗放养前用消毒剂对水体进行严格消毒。捕捞、运输过程中严防动物受伤。如果受伤,可用3%～5%的食盐水浸浴鱼8～10分。

2. 治疗

无理想方法治疗,可试用下列方法:全部换水或将虾移到经严格消毒的池中。进水要过滤,然后用三氯异氰脲酸(每亩水深1米200克)全池泼洒,起预防作用。发现患病鱼虾后,立即用制霉菌素药浴,浓度为60毫克/升,药浴3小时之后换水。1天后检查病情,决定是否连续治疗。每亩水深1米用10%聚维酮碘溶液400～800毫升全池泼洒。

四、链壶菌病

【流行情况】在虾、蟹育苗地区都有发生,主要危害卵及幼体,尤其是溞状幼体。在发现患链壶菌病后,如不及时采取措施,使全池幼体在1～2天全部死亡。

【病原】主要有链壶菌、离壶菌、海壶菌3个属,其中链壶菌最为常见。

链壶菌的菌丝有分枝,偶有分隔,全实性,细胞壁薄,黄绿色,菌丝内有许多折光的圆形油滴。菌丝成熟后,从菌丝上长出细长的放出管,伸出宿主体外。放出管呈直线状,其先端膨大成球形顶囊,在顶囊内形成许多有2根侧生鞭毛的动孢子;动孢子呈梨形,动孢子放出后,顶囊消失。动孢子为一次游泳性,脱掉鞭毛,发育成休眠孢子。

当休眠孢子遇到宿主后,就发芽长出菌丝。在 5 ~ 35℃,含盐 0 ~ 6%,pH 为 6 ~ 10 内均可以生长。

离壶菌和链壶菌也十分相似,主要区别为老菌丝的顶端会形成膨大的卵圆形构造;会形成黄褐色、厚壁的抵抗细胞;不形成顶囊。

海壶菌与链壶菌相似,但没有隔壁,不形成顶囊,动孢子为多次游泳性、休眠多次、多次动孢子的形状均相同;由休眠孢子的一端长出丝状发芽管,然后在发芽管的顶端膨大成菌丝。在 2 ~ 35℃、含盐 0 ~ 10%、pH 为 4 ~ 10 内均可生长。

【症状】虾类在疾病早期,幼体体内无明显可见的菌丝体,但幼体不泼,腹部常弯曲、抽搐状,有时在体表可看到附着的孢子。疾病严重后幼体呈灰白色、不透明,不吃食,趋光性差,活动能力明显下降,散游于水的中下层,重者沉于池底。被链壶菌感染的卵及幼体,在显微镜下可看到弯曲、分枝的菌丝,在疾病早期看不到排放管和顶囊,严重时菌丝可穿出体表呈绒毛状。在幼体死后,菌丝很快充满全身组织,并产生动孢子、排放管和顶囊。严重感染的卵体积较小,不透明,呈褐色或淡灰色,卵不能孵化。

链壶菌寄生在蟹类的卵和幼体中,受感染的卵初期在显微镜下可看到幼小的菌丝,到严重时卵内充满菌丝,变为不透明,菌丝甚至可伸出卵膜以外成为绒毛状。蟹腹部所抱的卵块,如果健康的卵为橘黄色时,受感染的卵呈褐色;如果健康的卵块为褐色或黑色时,受感染的卵则为浅灰色。受感染的卵块一般比正常卵块小。真菌一般仅侵害卵块表面的卵,不穿入内部的卵。受感染的幼体身体衰弱,活动能力减低,最后停止游泳,身体逐渐变白,不久死亡。死后的幼体体表也可生出绒毛状菌丝。

【诊断要点】根据症状可初步诊断,虾蟹卵和幼体表面充满白色菌丝体。如果需进一步鉴定病原,可将带有菌丝的卵和幼体放在琼脂培养基上培养后进行鉴定。

【破解方案】

1. 预防

最好采用微流水生态育苗。对沉淀池、育苗池及工具进行认真的洗刷,并用二氧化氯或聚维酮碘消毒。

2. 治疗

下列方法任选一种：用浓度为 5 毫克/升的高锰酸钾溶液药浴 30 分。用亚甲基蓝溶液全池泼洒，使池水药物浓度呈 0.01～0.02 毫克/升，24 小时施药 1 次，连泼 2～3 天。将水位降低后，每立方米水体中放制霉菌素 100 克，药浴 1～1.5 小时后再加满池水，隔 1 小时后进行大换水。

五、丝状细菌病

【流行情况】丝状细菌病主要是由水质污染造成的，主要危害虾蟹类的苗种。人工育苗期间，当饲养管理不善，尤其是水质、底质恶化时更易发生此病，该病的发病率几乎升 100%，并常与固着类纤毛虫病并发，加速幼体死亡。受害虾积累死亡率可高达 60%。养成期，特别是在高温期，发病迅速，对处于生殖蜕壳期的成蟹危害最大。另外，在疾病防制中后期或池水交换条件差、封闭、半封闭的亲虾池最为常见。

【病原】病原体是亮发菌科的亮发菌和发硫菌。亮发菌的菌丝细长如发状，直径较均匀，末端稍尖；长度不等，长的可达数毫米；不分枝，不运动（偶然能前后波动）；革兰阴性；一般透明无色，较老的菌丝在高倍显微镜下观察，略呈淡黄绿色，或有极小的黑色颗粒，有的则分节，形成许多分生子。

【症状】丝状细菌附着在虾、蟹幼体的附肢、眼、甲壳、鳃上，对幼体的危害主要是机械的作用，少量附生时，外表看不出；只有当大量附生时，才引起幼体分泌大量黏液，影响呼吸、活动、摄食、蜕皮，直至死亡。有时鳃呈黑色。

【诊断要点】主要对虾卵和幼体及越冬亲虾感染，取卵或幼体及亲虾的鳃组织制成水封片，在显微镜下观察，可发现大量丝状细菌即可确诊。

【破解方案】

1. 预防

彻底清塘消毒除害，保持底质干净，水质清洁良好。投喂优质饲料，减少残饵，防止有机碎屑污染。养殖中后期，每亩用 10～20 千克

133

的生石灰水全池泼洒,每 5 天 1 次。

2. 治疗

发病时,最好的方法是加大换水量,因为在药物的有效浓度下幼体一般忍受不了;用 2.5~5 克/米³ 的高锰酸钾溶液药浴 4 小时;人工育苗期间,可每亩用高锰酸钾 3 千克溶解后全池泼洒,连用 2 天,6 天后大换水;每亩用苦楝枝叶 15 千克煮水全池泼洒,5~6 小时后换水,连用 2~3 次;泼螯合铜,每亩水体用 70 克铜离子,药浴 24 小时(流水);或每亩水体 140~200 克铜离子,药浴2~6 小时(静水)或泼氯化铜 700 克。

第四节　原生动物疾病安全防控关键技术

一、鞭毛虫类疾病

(一)锥体虫病

【流行情况】锥体虫病在全国各地都有发生,由水蛭进行传播,目前感染率和感染强度都不高。我国淡水鱼发现有锥体虫有 30 余种,草鱼、青鱼、鲢鱼、鳙鱼、鲤鱼、鲫鱼、鳊鱼等主要饲养鱼类血液中均有发现。锥体虫病流行甚广,无论是饲养鱼类或是野生鱼类均有寄生,一年四季均有发现,尤以夏、秋两季较普遍。病鱼身体瘦弱,严重感染时有贫血现象,但不会引起大批死亡。

【病原】锥体虫病是由锥体虫(图 4-8)寄生而引起的鱼病。锥体虫是鱼体血液中寄生的一种鞭毛虫。锥体虫的传染媒介是水蛭,它可能通过水蛭寄生在鱼的体表和鳃瓣上吸血而传染。当水蛭吸有锥体虫寄生的鱼血时,锥体虫就随血液进入水蛭肠内,在水蛭肠内生长、繁殖、发育,并在水蛭吸取另一鱼体血液时,虫体通过水蛭口管而进入鱼体内。锥体虫的虫体呈狭长的叶状,从虫体的后部的基粒中长出一根鞭毛,沿着身体表面向体前伸出叫前鞭毛。沿体表的一段鞭毛和体表构成一条狭长的波动膜。在显微镜下看虫体的活体,很活泼地颤动,但不会移动位置。胞核卵形或椭圆形,约位于虫体中部。

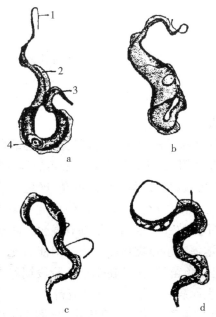

a~b.鳝锥体虫　c.青鱼锥体虫　d.鲩锥体虫
1.前鞭毛　2.波动膜　3.动核　4.胞核
图 4-8　锥体虫

【症状】病鱼精神委顿,摄食减少,身体瘦弱,离群独游,游动迟缓,或停于网箱边角,浮于水面,呼吸困难,如缺氧表现,随着病情的发展,病鱼上浮数量增多,食欲消退、停边不动。如昏睡状,体质消瘦、对外界的刺激无反应,人为惊吓也不潜入水下。初期病鱼,严重感染时鱼体贫血,但不会引起大批死亡。

【诊断要点】诊断方法是用吸管由鳃动脉或心脏吸一小滴血,置于载玻片上,加适量的生理盐水,盖上盖玻片,在显微镜下观察,可见锥体虫在血球间活泼而不大移动位置的跳动。

【破解方案】

1. 预防

用生石灰等药物彻底清塘。用2%～5%盐水浸洗鱼体10～15分。用敌百虫毒杀水蛭,防止锥体虫通过水蛭传染给鱼。不从疫区购进鱼种。

2. 治疗

由于锥体虫寄生于血液,治疗上非常困难,常规药物无法将其杀灭,故目前无相应药物使用。

(二)隐鞭虫病

【流行情况】此病是由原生动物寄生虫引起的侵袭性鱼病。主要危害草鱼苗的称鳃隐鞭虫;危害鲮鱼、鲤鱼的称颤动隐鞭虫。寄生于青鱼、草鱼、鲢鱼、鳙鱼、鲤鱼、鲫鱼、鳊鱼、鲮鱼等淡水经济鱼类及其他野杂鱼,宿主范围广泛,无选择性,但仅能危害当年草鱼。寄生于鲢鱼、鳙鱼的不会致死。全国各地都有发生。隐鞭虫病对寄主无严格的选择性,池塘养殖鱼类均能感染。但能引起鱼生病和造成大量死亡的主要是草鱼苗种,尤其在草鱼苗阶段饲养密度大、规格小、体质弱,容易发生此病。每年5～10月流行。

【病原】主要危害草鱼苗的称鳃隐鞭虫(图4-9);危害鲮鱼、鲤鱼的称颤动隐鞭虫。鳃隐鞭虫的虫体柳叶形,扁平,前端较宽,后端较狭长;从前端长出两根不等长的鞭毛,一根向前叫前鞭毛,另一根沿着体表向后组成波动膜,伸出体外为后鞭毛。虫体中部有一圆形胞核,胞核前有一形状和大小与胞核相似的动核。虫体用后鞭毛固定在鳃丝表面组织中。虫体离开组织时,通过波动膜的不断起伏,使身体摆动前进。离开寄主的鳃隐鞭虫,一般可在水中生活1～2天,这种自由生活状态下的鳃隐鞭虫,有可能从一个寄主转移到另一个寄主,或随水流向另外地方蔓延传播。在冬、春两季,作为"保种寄主"的鲢鱼、鳙鱼,也是传染媒介。颤动隐鞭虫。虫体体型近三角形,体长6～7微米,宽4.1微米。波动膜不明显。胞核圆形。胞核前面有一个稍弯曲的棍棒状动核。虫体以后鞭毛插入寄主的皮肤或鳃表皮组织内,把虫体固着在寄主身上,做挣扎颤动。虫体脱离鱼体后,以活泼的、稍带歪曲旋转的姿态急速游泳,可在水中生活 4 ~ 5 小时,能直接感染新寄主或随水的流动而转移到其他水体。

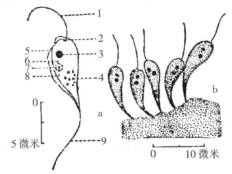

图 4 - 9　鳃隐鞭虫

a. 虫体的一般形态　b. 虫体固着在鳃上的情形

1. 前鞭毛　2. 生毛体　3. 动核　4. 食物粒　5. 波动膜

6. 染色质粒　7. 胞核　8. 核内体　9. 后鞭毛

【症状】病鱼鳃部无明显的病症,只是表现黏液较多。当鳃隐鞭虫大量侵袭鱼鳃时,能破坏鳃丝上皮和产生凝血酶,使鳃小片血管堵塞,黏液增多,严重时可出现呼吸困难,不摄食,离群独游或靠近岸边不面,体色暗黑,鱼体消瘦,以致死亡。

【诊断要点】病鱼鱼体发黑,消瘦,反应迟钝。虫体寄生于鱼鳃部时,鳃丝红肿,黏液增多,鳃上皮细胞被破坏,往往并发细菌性鱼病而大量死亡。虫体寄生于鱼体表时,鱼体表黏液增多,鱼体不安,生长速度缓慢,逐渐消瘦而死。

【破解方案】彻底清塘消毒,消灭病原体。在流行季节,用硫酸铜和硫酸亚铁合剂在食场上挂袋。每袋装硫酸铜 100 克、硫酸亚铁 40 克,挂药 3 天为 1 个疗程,每天换药 1 次。鱼种入池前,每升水用 100 克硫酸铜和硫酸亚铁合剂(5∶2)给鱼种洗浴,可以预防此病。发病鱼池,每亩水深 1 米用 500 克硫酸铜和硫酸亚铁合剂(5∶2)全池泼洒。

二、孢子虫类疾病

(一)艾美虫病

【流行情况】艾美虫病也叫球虫病,全国各主要水产养殖区均有发现。艾美虫病发生于多种淡水鱼和海水鱼。我国危害较大的是寄生在青鱼肠内的青鱼艾美虫,主要危害一至二龄青鱼,大量寄生时可引起死亡,感染率高达80%,对鲢鱼、鳙鱼、鲮鱼的危害不大。鳙鱼艾美虫大量寄生在一龄以上鲢鱼、鳙鱼的肾脏,可引起病鱼死亡,此病发生在辽宁省。青鱼艾美虫病主要流行于江苏、浙江两省的热天,流行季节为4~7月,特别是5~6月,水温在24~30℃时最流行。

【病原】艾美虫病的病原是艾美虫。艾美虫病是原生动物,属孢子虫纲、球虫目、艾美虫科。艾美虫成熟的孢子呈卵形,由一层薄而透明的孢子膜包着。在发育过程中产生圆形的卵囊膜,直径6~14微米。成熟的卵囊具有4个孢子。在艾美虫的生活史中不需要更换寄主,即在一个寄主体内生活,包括无性繁殖和有性繁殖2个世代。成熟的卵囊随寄主的粪便排出体外,被另一寄主吞食而感染。适宜艾美虫繁殖的水温为24~30℃,因此此病流行季节在4~7月,尤以5~6月严重。

【症状】病鱼的鳃部贫血,呈粉红色。剪破肠道,明显可见肠内壁形成灰白色的结节,病灶周围的组织呈现溃烂,致使肠壁穿孔,肠道内有荧白色脓状液。严重时,病鱼体色发黑,失去食欲,游动缓慢,腹部膨大,鳃苍白色。剖开腹部,肠外壁也出现结节状物,肠外壁明显可见肠壁溃疡穿孔,肠管特别粗大,比正常的大2~3倍。

【诊断要点】根据症状及流行情况进行初步诊断,确诊需用显微镜进行检查,因患黏孢子虫病等也可引起同样症状。前肠肠壁上有许多小结节,将小结节取下,置显微镜下检查。

【破解方案】

1. 预防

放养前要彻底清塘。除一般预防方法外,利用艾美虫对寄主有选择性,可采取轮养的办法来进行预防,即今年饲养青鱼的塘患艾美虫病后,明年改养其他鱼。

2.治疗

寄生在肾脏等其他器官组织的艾美虫,至今尚无有效的治疗方法。寄生在肠道内的,可以采用以下治疗方法进行治疗:每千克饲料用硫黄粉 20 克制成药饵投喂,1 天 1 次,连用 4 天。每千克饲料用碘 0.5 克制成药饵投喂,1 天 1 次,连用 4 天。

(二)黏孢子虫病

黏孢子虫病是近几年发病率极高的鱼病,尤其是经过多年混养虾蟹的塘,为避免伤害甲壳类的虾蟹,禁用杀虫类药物,而导致鱼类黏孢子虫病大发生,对养殖生产造成了较大的经济损失。

1.鲢鱼碘泡虫病

【流行情况】鲢鱼碘泡虫病又称白鲢疯狂病、疯刀儿。全国各地均有发现。流行于华东、华中、东北等地的江河、湖泊、水库。特别是较大型水体更易流行。无明显的流行季节,以冬、春两季为普遍。以鱼苗至成鱼均可患此病,死亡率高。主要危害草鱼夏花,感染率高达100%,死亡率达80%。

【病原】病原是鲢鱼碘泡虫。主要侵入鱼的脑颅腔内神经系统和感觉器官,寄生着大量鲢鱼碘泡虫孢子和营养体的鲢鱼头部脑颅腔中的拟淋巴液出现萎缩、变黄和干枯现象。病鱼死后腐烂,孢子落入水中被鱼吞食而感染。

【症状】病鱼极度消瘦,体色暗淡丧失光泽,尾巴上翘,在水中狂游乱窜,打圈或钻入水中又反复跳出水面似疯狂状态,失去正常活动和摄食能力,终至死亡。有的侧向一边游泳打转,失去平衡感和摄食能力死亡。慢性病鱼呈波浪形旋转运动,形似极度疲乏,无力游泳,食欲减退,消瘦。病鱼的嗅球和脑颅的拟淋巴液在显微镜下压片观察,可见大量成熟孢子或单核的营养体。剖开鱼腹,肝、脾萎缩,腹腔积水,肠内无物,肉味腥臭,丧失商品价值。患疯狂病的白鲢及病原体见图 4-10。

【破解方案】采用干法清塘为好,每亩用 120～150 千克生石灰或石灰氮,100 千克彻底清塘杀灭淤泥中的孢子,减少病原的流行。

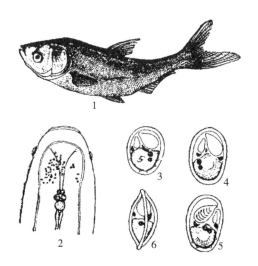

图 4 – 10　患疯狂病的白鲢及病原体

1. 患疯狂病的白鲢　**2.** 病鱼拟淋巴液内的病原体孢囊

（50 个以上）**3 ~ 6.** 病原体的孢子

鱼种放养前，用 1 米^3 水放 500 克高锰酸钾充分溶解后，浸洗鱼种 30 分，能杀灭 60% ~70% 孢子。

冬片鱼种在放养前 1 米^3 水体用 500 克石灰氮悬浊液浸洗 30 分，能杀灭 60% ~70% 的鲢鱼碘泡虫孢子。6 ~ 9 月，可用每立方米用 5 ~ 10 克粉剂敌百虫每 15 ~ 30 天喷洒 1 次，以杀死营养体阶段的孢子。

2. 饼形碘泡虫病

【流行情况】全国各养鱼区均有发现，但以两广地区最严重。流行于 4 ~ 8 月，尤以 5 ~ 6 月严重，主要危害草鱼夏花，危害非常大。

【病原】病原是饼形碘泡虫。病原是饼形碘泡虫。孢子椭圆形，内有两个卵形极囊和一个明显的嗜碘泡。

饼形碘泡虫的生活史是无性生殖和有性生殖都在同一寄主体内进行和完成的，无中间寄主。草鱼鱼苗下塘后 4 ~ 5 天就被感染。随着饼形碘泡虫营养体在肠道内大量繁殖，10 多天后即出现孢子。孢子排入水中，再度感染新宿主。

【症状】病鱼体色发黑，腹部膨大，不摄食。虫体主要寄生在前肠绒毛固有膜内，严重的前肠粗大，形成大量的孢囊，肠壁糜烂成白色,状如观音土。镜检可见大量的成熟孢子,组织切片,则可见肠壁黏膜下层和固有膜间寄生大量成熟孢子,使黏膜下层受到严损害,消化和吸收机能被破坏。此病往往在夏花阶段短期暴发,死亡率可高达80%。

【破解方案】预防:彻底清塘,杀死池底孢子,预防此病发生。采用干法清塘为好,每亩用生石灰120~150千克。依据此虫只寄生在5厘米以下的草鱼种肠道内的特点,在疫区内,采用稀养速长的措施,抵抗病原的侵袭。

治疗:盐酸左旋咪唑内服,每万尾鱼种,视鱼体大小,用10~20克,将药均匀拌入饲料内,制成适口颗粒饲料投喂,每天给药1~2次,连用3~5天。每10 000尾(5厘米以下)鱼种,视鱼体大小,用槟榔100~200克。先将槟榔加水煎成浓汁,然后将药汁拌入精饲料内,制成适口颗粒饲料投喂,每天给药1~2次,连用3~5天。

3. 中华黏体虫病

【流行情况】黏体虫病又称肠道白点病,是由中华黏体虫寄生而引起的鱼病。全国各地均有发现,长江流域、南方各省感染率较高。主要寄生在二龄以上的鲤鱼肠道上。

【病原】中华黏体虫感染的鲤鱼肠道内壁或外壁形成乳白色芝麻状孢囊。成熟的孢子圆形,前方稍尖,后方钝圆,缝脊直,两个梨形极囊同等大小,无嗜碘泡。

【症状】外表症状不明显,解剖可见肠外壁上有芝麻状乳白色孢囊。剪开肠子,内壁孢囊数量往往更多。取下孢囊少许内含物,加水压片在显微镜下观察,便可见中华黏体虫的成熟孢子。

【破解方案】预防:彻底清塘,减少病原体,以防此病。采用干法清塘为好,每亩用生石灰120~150千克。

治疗:盐酸左旋咪唑内服,每10 000尾鱼种,视鱼体大小,用10~20克,将药均匀拌入饲料内,制成适口颗粒饲料投喂,每天给药1~2次,连用3~5天。

4. 昏眩病

【流行情况】全国各地均有发现,主要寄生在鲢鱼脑和神经组织中。

【病原】病原是脑黏体虫。脑黏体虫的孢子大小为(6.5~7)微米×(7.5~8)微米,微卵形,侧面观似小扁豆;有两个梨形极囊,一条无缝合脊的明显可见的缝合线,无嗜碘泡。具有多核孢子状态(微卵形孢子)和带极生轴丝的脑黏体虫孢子。经染色后镜检可观察到具有深绿色极囊的绿色卵形虫体。

【症状】病鱼自肛门后变为黑色,与身体其他部位分界明显,俗称黑尾病。病鱼出现类似于疯狂病的症状,脊椎弯曲,旋转,头颅变形。当脊椎骨受到剧烈破坏时,身体的后半部弯向前方。软骨受损,骨骼变软。

【破解方案】彻底清塘,减少病原体,以防此病。采用干法清塘为好,每亩用生石灰120~150千克。

5.水臌病

【流行情况】广东和东北地区有分布。感染率一般在30%以下,虫体吸起寄主营养,寄生在鳙的鳃、心、肾、鳔、鳔管、鳞、肝、脾,刺激结缔组织增生,对器官产生机械压迫,造成内脏器官萎缩以及功能性障碍,鱼体生长受阻。

【病原】病原是变异黏体虫。孢子具2个极囊于前端,孢质中不具嗜碘泡。

【症状】轻度感染,病鱼外表不显症状,腹腔内脏出现个别孢囊;中度感染,腹部略膨大,体腔内有8~12个扁带状或多重分枝的扁带状孢囊;严重感染,肠、肝等器官粘连成团,病鱼失去平衡,腹部朝天。体表发黑,黏液缺少,摸之有粗糙感,鳞片分界明显,尾部上翘。解剖病鱼,可见体内各内脏充满孢囊。

【破解方案】彻底清塘,减少病原体,以防此病。采用干法清塘为好,每亩用生石灰120~150千克。

6.鲤单极虫病

【流行情况】长江流域颇为流行。主要在二龄以上鲤鱼、鲫鱼中出现。流行于5~8月。病原体通过血液循环达到鳞片下的鳞囊中生长、发育、繁殖。

【病原】单极虫属在我国已发现四十余种,有些种类可引起鱼病。常见的种类有鲤单极虫(图4-11)、鲮单极虫、鲫单极虫和宜都单极虫。病原体通过血液循环到鳞囊中生长、发育、繁殖,形成一个个椭圆形鳞片状扁平孢囊,往往使鳞片竖起;最大的孢囊如乒乓球大小。在鲤、鲫鳞片下寄生的鲮单极虫,孢子狭长呈瓜子形,前端逐渐尖细,后端钝圆,缝脊直。孢子长 26.4 ~ 30.0 微米,宽 7.2 ~ 9.6 微米,棍棒状极囊占孢子的 2/3 ~ 3/4,长 16.2 ~ 19.2 微米,宽 6.6 ~ 7.2 微米。胞质内有一明显的嗜碘泡。孢子外常围着一个无色透明的鞘状胞膜,长 39.6 ~ 42.0 微米,宽 9.6 ~ 14.4 微米。

图 4 - 11   鲤鱼单极虫
1. 感染单极虫的鲤鱼   2. 孢子的侧面观   3. 孢子的正面观

【**症状**】虫体寄生于鲤鱼、鲫鱼鳞囊内以及鼻腔、肠、膀胱等处。鳞片下有单极虫孢囊,呈白色或浅黄色,使鳞片竖起,最大的孢囊有乒乓球大小。病鱼体弱,体色发黑,游动缓慢,不摄食,终致死亡。病鱼无商品价值。

【**破解方案**】彻底清塘可预防此病。采用干法清塘为好,每亩用生石灰 120 ~ 150 千克。

鱼种放养前,用 1 米³ 水放 500 克高锰酸钾,充分溶解后,浸洗 20 ~ 30 分。

每亩用亚甲基蓝 1 000 克全池泼洒,或用 1 000 克晶体敌百虫(90%)全池泼洒,每天 1 次,连用 3 天。

7. 尾孢虫病

【**流行情况**】全国各地均有发现。寄生于海、淡水多种鱼类的鳃、胆、肠、心脏、鳔、输尿管、膀胱、鳍、肠系膜、肝、肾等器官,主要危害乌鳢、鳜鱼、蟾胡子鲇的鱼苗、鱼种,严重时可引起大批死亡。华南和长江流域四季可见,流行在 5 ~ 7 月。

【**病原**】寄生于乌鳢体表的病原体一般为中华尾孢虫,在全身器官均有寄生,但主要寄生于夏花乌鳢的体表及鳍、鳃和鳔等部位,造成乌鳢大批死亡。中华尾孢虫的孢囊淡黄色,无一定形状,只在鳍条之间形成浅黄色扩散状孢囊。孢子长梨形,前端稍狭,后端略宽,缝脊细而直。壳片后端延长为2根等长的针状尾巴,叉状分开。两个棒球状极囊大小相同。有嗜碘泡。

【症状】中华尾孢虫寄生于乌鳢体表及全身各器官,鳍条间出现连片淡黄色孢囊,形状不规则,鱼体瘦弱发黑,大批死亡。微山尾孢虫主要寄生于鳜鱼鳃上,为瘤状或椭圆形白色孢囊,引起鳃充血、溃烂、严重时引起死亡。徐家汇尾孢虫主要寄生于鲫鱼鳃、肠道、心脏等处,孢囊白色,形状大小不一,造成鳃组织损伤。

【破解方案】彻底清塘可预防此病。采用干法清塘为好,每亩用生石灰120~150千克。鱼种放养前,用1米^{3}水放500克高锰酸钾,充分溶解后,浸洗20~30分。体表、鳃和鳍条上寄生的尾孢虫,每亩水深1米用200克晶体敌百虫(90%)全池泼洒,隔2天再泼洒1次。

8. 球孢虫病

【流行情况】东北地区以及湖北、四川、浙江等地均有病例发现。

【病原】寄生于我国淡水鱼类的球孢虫已知有10余种。常见的种类有黑龙江球孢虫、湖北球孢虫、鳃丝球孢虫等。

【症状】球孢虫寄生于鳃,在鳃组织内不形成孢囊,呈弥散状分布,充塞于鳃丝组织间,严重时影响宿主呼吸,使鱼窒息而死。黑龙江孢子虫主要寄生于草鱼、青鱼鳃丝,大量感染可在肝、肾中发现;鳃丝孢子虫主要寄生于鲤、鳙、金鱼鳃丝或体表,在金鱼体表形成白色点状孢囊,但在鳙鱼和鲤鱼的鳃丝上不形成孢囊。

【破解方案】彻底清塘可预防此病。采用干法清塘为好,每亩用生石灰120~150千克。鱼种放养前,用1米^{3}水放500克高锰酸钾,充分溶解后,浸洗20~30分。每千克饲料用4%碘1~2克拌饵投喂,每天2次。

9. 四极虫病

【流行情况】椭圆四极虫寄生于草鱼、青鱼。全国各养殖区均有发现,尤以浙江、江苏、广东等地的3~4厘米草鱼种常见。目前尚未有死亡报道。鲢四极虫在黑龙江流行于越冬后的鲢鱼种,并可造成大批死亡。

【病原】病原是椭圆四极虫、鲢鱼四极虫。主要侵袭鲢鱼胆囊,在越冬期间,大量孢子堵塞胆管,充塞胆囊,使胆囊不能发挥正常的机能,造成大规模死亡。鲢鱼四极虫的营养体圆形,直径 19.5～22.5 微米。每个营养体发育成一个孢子。孢子球形,一端有四个形状和大小相似的球形极囊,无嗜碘泡。缝脊直,壳片有 8～10 条与缝脊平行的雕纹。孢子长 9.8～11.6 微米,宽 9.2～10.6 微米,极囊长 3.5～3.7 微米,宽 3.0～3.3 微米。

【症状】四极虫寄生于鱼类胆囊内、外壁或胆汁中,胆囊肿大,胆汁由绿色变为淡黄色或黄褐色,在胆囊和胆管之间有大量的四极虫营养体密集成团,肠内无食物。严重感染的病鱼鱼体消瘦,体色变黑,眼圈点状充血,眼球突出。鳍基部和腹部变成黄色,称为黄疸症。肠内无食物,充满黄色黏稠物,肝成浅黄色或苍白色,个别鱼体腔积水。有的鱼并发水霉病和斜管虫病,造成大量死亡。

【破解方案】用生石灰彻底清塘,能杀灭池塘底部孢子。采用干法清塘为好,每亩用生石灰 120～150 千克。

病鱼用亚甲蓝混合剂拌饲料投喂,浓度 0.5～1 克/千克饵料,能降低死亡率。

10. 两极虫病

【流行情况】全国各养殖区均有发现,但危害不大,海水鱼亦有蓝子鱼两极虫的记录,寄生于蓝子鱼胆囊。两极虫还广泛寄生于海水养殖品种鲽、海马、海龙等 20 余种鱼类胆囊中,当数量多时,成团的孢子可以阻塞胆管。国外报道两极虫能引起鲑鱼的严重感染和死亡。

【病原】病原是多态两极虫、鲤两极虫。属两极虫科,两极虫属。

【症状】两极虫寄主种类多,常寄生于鲮鱼、鲤鱼、鲫鱼、草鱼、青鱼、鲢鱼、鳙鱼、鳗鲡、鲂鱼以及其他鱼类的肾、膀胱、胆囊、输尿管、肠、肝脏及鳃等器官,且常与四极虫同时寄生于一个寄主,症状不明显。鲤两极虫主要寄生于鲤鱼的肾、膀胱等器官。

【破解方案】彻底清塘,减少病原体,以防此病。采用干法清塘为好,每亩用生石灰 120～150 千克。

（三）肤孢虫病

【流行情况】肤孢虫病是一种寄生在鱼的体表、鳃，能破坏鳃组织和表皮细胞，引起发炎、溃烂并引起死亡的一种鱼病，一般的饲养鱼类及斑鳢上均有发现。小至鱼种、大至成鱼，都有寄生。全国各地均有发现，并有许多严重的病例。

【病原】已发现的病原体有 3 种肤孢虫，即鲈肤孢虫、广东肤孢虫和一肤孢虫未定种。构造简单，无极囊和极丝。肤孢虫的孢子呈圆形或近圆形，外包着一层透明的膜，细胞质里有一个大而发亮的圆形折光体。在折光体和孢膜之间最宽处，有一个圆形胞核，有时还散布着少许颗粒状的胞质结构。

【症状】肤孢虫病又名单孢子虫病。在草鱼、鲤鱼体表寄生的肤孢虫，为盘卷成团的线状孢囊，全身都可分布，数量可达百余个，鱼体发黑消瘦，被虫体寄生处皮肤发炎、溃烂，严重感染的夏花鱼种，会引起死亡。斑鳢鳃上寄生的广东肤孢虫孢囊，带形，被虫体寄生处成椭圆形凹陷，孢囊周围的鳃组织充血。

【破解方案】彻底清塘，减少病原体，以防此病。采用干法清塘为好，每亩用生石灰 120～150 千克。

隔离病鱼，消毒发病鱼池，杀灭孢子。每亩水深 1 米用晶体敌百虫（90%）100 克全池泼洒，每周泼洒 2 次。并辅以生石灰来改良水质，视水深，每次每亩水面用 20～25 千克。

三、纤毛虫类疾病

（一）斜管虫病

【流行情况】寄生于各种淡水鱼，尤其以鱼苗、鱼种阶段危害严重，能引起大批量死亡。产卵亲鱼也会因大量寄生而影响生殖，甚至死亡。全国各地均有分布。繁殖的适宜温度为 12～18℃，初冬和春季为其流行季节。越冬鱼种也易感染此病。在珠江三角洲，是鳜鱼严重病害之一，有时甚至引起全池鱼死亡。

【病原】病原体鲤斜管虫（图 4-12）的虫体有背腹之分，侧面观背部隆起,腹面平坦;腹面观近卵圆形,但左边较直,右边稍弯;左面有 9 条纤毛线,右面有 7 条,每条纤毛线上长着均匀的纤毛。腹面前端有一条喇叭状口管,系由 16～20 根刺杆作圆筒形排列而成。大核近圆形,小核球形,身体左右两边各有一个伸缩泡,一前一后。斜管虫离开寄主以后,能在水里维持生活 24～48 小时,足以使它有时间和机会直接从一个寄主传染到另一个寄主。

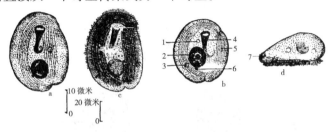

图 4-12　鲤鱼斜管虫
a、b、c. 腹面观　d. 侧面观　a、b. 固定和染色标本　c、d. 活体
1. 伸缩泡　2. 大核　3. 伸缩泡　4. 口管　5. 纤毛线　6. 小核　7. 刚毛

【症状】寄生在鱼的鳃、体表,刺激寄主分泌大量黏液,使寄主皮肤表面形成苍白色或淡蓝色的黏液层,组织被破坏,影响鱼的呼吸功能。病鱼食欲差,鱼体消瘦发黑,靠近池边浮于水面上或侧卧于水面上,不久即死亡。水温等条件合适,病原体大量繁殖,2～3 天内即造成大批死亡。

【诊断要点】因该病无特殊症状,病原体又较小,所以必须用显微镜进行检查诊断。刮下病灶黏液或剪下鳃丝置载玻片上,加少量水在显微镜下能观察到虫体借腹部的纤毛运动,沿着鳃和皮肤缓慢地移动。

【破解方案】每亩用生石灰 120～150 千克干法清塘,减少病原体,以防此病。

可用 2% 食盐溶液浸洗 5～15 分,或每立方米水用 20 克高锰酸钾,在水温 10～20℃时,浸洗 20～30 分;水温在 20～25℃时,浸洗 15～20 分;水温在 25℃以上时,浸洗 10～15 分。

苦楝树枝叶,每亩用 25～30 千克,煮水全池泼洒。

(二) 小瓜虫病

【流行情况】小瓜虫病又称白点病。全国各地均有发生, 危害较大。不论鱼的种类, 从鱼苗到成鱼, 均可发病, 尤其在水质较差的水体或高密度养殖时更易发生。水温 15 ~ 25℃, 冬春季节易发。当水温降至 10℃ 以下或上升至 28℃ 以上, 虫体发育停止不会发生小瓜虫病。

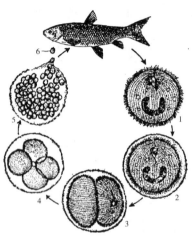

图 4 - 13 多子小瓜虫生活史

1. 离开鱼体的成虫 **2.** 形成孢囊 **3 ~ 5.** 虫体在孢囊内不断进行分裂, 形成许多纤毛幼虫, 纤毛幼虫从孢囊出来至水中 **6.** 最后传播而感染鱼

【病原】病原为小瓜虫属金毛目、膜口亚目、凹口科、多子小瓜虫。

病原体为多子小瓜虫, 有幼虫期和成虫期之分。幼虫长卵形, 前尖后钝, 前端有一乳头状突起称钻孔器, 稍后有一近似耳形胞口, 后端有一根尾毛, 全身披长短均匀的纤毛; 大核近圆形, 小核球形。成虫虫体球形, 尾毛消失, 全身纤毛均匀, 胞口变为圆形, 大核香肠状或马蹄形, 小核紧贴大核, 不易看到。生活史周期可分为营养期和孢囊期。营养期自幼虫钻进寄主皮肤或鳃上后, 在皮肤组织间不停地来回钻动, 吸收养料供虫体自身的生长发育, 同时刺激寄主组织增生, 形成一个白色囊泡, 俗称白点病。虫体在囊泡中不断成长为成虫, 并进行几次分裂繁殖,至一定时间冲出囊泡,在水中自由游动相当长的时间后即静止下来,停在池边或杂草上形成孢囊进入孢囊期,虫体在孢囊内分裂成数百至数千个幼虫,幼虫破囊而出,在水中游泳寻找寄主,进入新的生活周期。多子小瓜虫生活史见图7-6。

【症状】小瓜虫病的症状主要是鱼类皮肤、鳃的表皮组织感染。小瓜虫主要表现为汲取宿主营养引起组织增生,并产生大量黏液,形成脓疱,肉眼可见鳃、皮肤和鳍上的小白点,严重时全身似粘满白粉。寄生处组织发炎、坏死、鳞片脱落、鳍条腐烂而开裂。鳃组织因虫体寄生,除组织发炎外,并有出血现象,鳃呈暗红。小瓜虫侵袭鱼眼角膜,严重时出现瞎眼。病鱼独游,行动迟缓、反应迟钝,病鱼食欲减退,呼吸困难,严重时停食乃至死亡。

【诊断要点】根据症状和流行情况进行初诊,镜检见小瓜虫幼体或成体可确诊。

【破解方案】

1. 预防

池塘淤泥不能过多,要用生石灰泼塘消毒,要做到合理密养,投喂优质饲料,提高鱼体抵抗力,保持水质优良。购进的鱼种要进行检疫,严防将病原体带入。发现池中病、死鱼要立即清理出塘,以免在病鱼死后小瓜虫从鱼体脱落到水体,再侵害健康鱼体。将鱼用200～250毫克/千克冰醋酸溶液浸洗15分。

2. 治疗

一旦患病,可采用提高水温,加强营养的方法降低死亡率。每亩水深1米用生姜2 000克,辣椒粉400克。先将生姜捣烂,加入辣椒粉,混合后煮沸,全池泼洒。用10克/米³浓度的高锰酸钾浸泡20分。

（三）车轮虫病

【流行情况】车轮虫的寄生一年四季均可检查到,流行于4～7月,但以夏、秋为流行盛季。适宜水温20～28℃。地理分布很广泛,淡水、海水和半咸水鱼上都可发现。生活在环境优良的健康鱼体上的车轮虫即使存在也是数量较少,但在环境不良时,例如水体小、放养密度过大等,或鱼体受伤发生其他疾病,身体衰弱时,则车轮虫往往大量繁殖,成为病害。引起淡水鱼苗、鱼种致死,有时死亡率较高,尚未发现因车轮虫寄生引起海水鱼类死亡的情况,但如果同时有其他疾病存在时,车轮虫加重宿主的病情,成为致死的原因之一。

【病原】病原是显著车轮虫、粗棘杜氏车轮虫、东方车轮虫、卵形车轮虫、微小车轮虫、球形车轮虫。侧面观像一个碟子或毡帽,身体隆起的一面叫口面,与口面相对的一面叫反口面。口面有一条带状结构的口带,以反时针方向做螺旋状环绕,一直通到胞口。口带两侧各有一行纤毛。反口面观为圆盘形,内部结构主要由许多齿体逐个嵌接而成的齿轮状结构,叫齿环。还有辐线,一个马蹄形大核和一棒状小核。侵袭鱼类体表的小车轮虫,虫体较大。虫体在寄主体表来回滑动,使寄主皮肤磨损受伤,剥取寄主的皮肤组织细胞作营养,同时刺激寄主皮肤分泌大量黏液。主要危害体长 3 厘米左右的幼鱼,严重感染时,会引起大批死亡。寄生于寄主鳃上的小车轮虫,虫体一般比较小,常成群聚集在鳃的边缘或鳃丝缝隙内,破坏鳃组织,使其腐烂、软骨外露,严重影响鱼的呼吸功能,使鱼致死。

【症状】车轮虫病是鱼类很普通的原虫病。车轮虫寄生于鱼类的体表或鳃,还可在鼻腔、膀胱、输尿管出现。侵袭体表的车轮虫一般较大,寄生于鳃上的车轮虫一般较小。危害下塘 10 天左右的鱼苗时,被感染的鱼分泌大量的黏液,成群沿池边狂游,俗称跑马病。口腔充满黏液,嘴闭合困难,不摄食,鱼体消瘦。病鱼体表有时出现一层白翳,在水中观察尤为明显。

【诊断要点】根据症状和流行情况初诊。刮取鱼体表或鳃上黏液做成水封片,在显微镜下见到车轮虫可确诊。

【破解方案】

1. 预防

用生石灰彻底清塘,合理施肥,掌握鱼苗、鱼种合理放养密度。鱼苗、鱼种下塘时用 2% 食盐水浸洗鱼体 5 分。每亩水深 1 米用 15~20 千克苦楝树叶扎束在池塘周边泡浸,隔 7~10 天更换 1 次,连续 3~4 次。硫酸铜,一次量,8 克/米^3 水体,鱼种放养前,浸浴 15~30 分。高锰酸钾,一次量,1 米^3 水体,10~20 克,鱼种放养前,浸浴 15 ~ 30 分。1 米³ 水体放橡树或枫杨树新鲜枝叶30 ~ 45 克,扎成小捆,放在池中沤水,隔天翻一下;每隔 7 ~ 10 天换 1 次新鲜枝叶。

2. 治疗

病鱼出现跑马病症状及白头白嘴症状时,因病鱼都在水面,通常不能全池泼药的,故全池泼洒需要特别小心,做小型试验为好。

对已发现患病的鱼池,每天用2% 食盐水泼洒 1 次。用3% ~ 5%食盐水浸洗鱼体(淡水鱼)5 ~ 10 分,或用淡水浸洗鱼体(海水鱼)5 ~ 10 分。硫酸铜和硫酸亚铁合剂,每亩水深 1 米用硫酸铜 350 克和硫酸亚铁 150 克,溶解后全池塘(鱼塘)均匀泼洒,疗效较好。单用硫酸铜每亩水 450 克也可。苦参碱溶液,一次量,每亩水深 1 米 250 克,全池泼洒 1 ~ 2 次。

第五节　蠕虫疾病安全防控关键技术

一、单殖血吸虫类疾病

(一)指环虫病

【流行情况】主要危害鲤科鱼类中的鲢鱼、鳙鱼及草鱼,各种水体中的鱼类都会感染。但只有在感染强度比较大时才会患病。流行于春末夏初。全国各水产养殖区均有发现,严重感染,可使鱼苗大批死亡,死亡率甚至可达 100% 。

【病原】指环虫(图 4 -14)属是扁形动物门、吸虫纲、单殖亚纲、单后盘目、指环虫科的一属。本属种类众多,常见的致病种类有页形指环虫、小鞘指环虫、鳙指环虫、坏鳃指环虫等。页形指环虫寄生于草鱼鳃、皮肤和鳍上,小鞘指环虫寄生于鲢鱼鳃上,鳙指环虫寄生于鳙鱼鳃上,坏鳃指环虫寄生于鲤鱼、鲫鱼和金鱼的鳃丝上。指环虫以其锚钩及边缘小钩钩住寄主的鳃组织,不断地在鳃上做尺蠖虫式的运动而破坏鳃丝的表皮细胞。刺激鳃丝细胞分泌过多的黏液,妨碍鱼的呼吸,并能使鱼产生贫血现象。病鱼呼吸困难,游泳迟缓,常成群在水面上浮出,鱼鳃发白和浮肿。

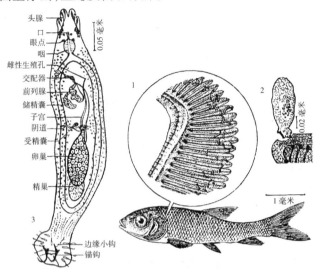

图4-14 指环虫

1.寄生在草鱼鳃上的鳃片指环虫 2.鳃片指环虫破坏鳃丝的组织切片示意图 3.虫体腹面观

【症状】指环虫少量寄生时没有明显症状,大量寄生时,病鱼鳃组织损伤,鳃丝肿胀、贫血、出血,全部或部分苍白色,鳃丝上有斑点状瘀血,呈花鳃,鳃上有大量黏液。鱼苗或小鱼种患病严重时,由于鳃丝显著肿胀,鳃盖张开,其中以鳙鱼更为明显。病鱼极度不安、跳跃,上下窜动,狂游,接着游动缓慢,呼吸困难,上浮水面而死。水库中越冬后的鲢鱼患病时,还常伴有鱼体消瘦,眼球凹陷,体表无光泽及严重贫血。

【破解方案】

1.预防

干法清塘,每亩用生石灰100千克。鱼种放养前可用20毫克/升高锰酸钾溶液浸洗15~30分,杀死鱼种上寄生的指环虫。夏花鱼种放养前宜用每立方米水1克晶体敌百虫浸洗20~30分,可较好地预防指环虫病。

2.治疗

用 20 毫克/升高锰酸钾溶液浸洗 15～30 分。10% 甲苯达唑溶液,每亩用 80～100 克(以甲苯达唑计)全池泼洒,同时每 100 千克鱼用甲苯达唑 5 克拌料投喂,连用 3 天。但此法不适用于斑点叉尾鮰和大口鲶。每亩水深 1 米用 150～300 克浓度的晶体敌百虫(含量 90% 以上)或含 2.5% 敌百虫粉剂 700 克,全池遍洒,可治疗养殖鱼类的指环虫病。晶体敌百虫和面碱(碳酸钠)合剂(1∶0.6)全池泼洒,用量为每亩水深 1 米 70～150 克,或用每升水 20 克高锰酸钾浸洗病鱼,水温 10～20℃时浸洗 20～30 分,水温 20～25℃时浸洗 15～20 分,水温 25℃以上时浸洗 10～15 分。

(二)三代虫病

【流行情况】三代虫分布广泛,全国各地均有发现,尤以长江流域和两广地区流行。对淡水鱼和海水鱼均有危害,鱼苗、鱼种春夏季易感染,适宜水温为 20℃左右。特别对草鱼危害更大,可造成大批死亡。

【病原】病原有鲢三代虫、鲩三代虫、秀丽三代虫。寄生草鱼的有鲩三代虫,寄生鲢鱼、鳙鱼的有鲢三代虫,寄生鲤鱼、鲫鱼和金鱼的有秀丽三代虫,寄生鳗鲡的有日本三代虫和鳗鲡三代虫。三代虫的外形和运动状况类似于指环虫,主要区别是:三代虫的头端仅分成两叶,无眼点,后固着器伞形,其中有一对锚形中央大钩和八对伞形排列的边缘小钩。虫体中部为角质交配囊,内含一弯曲的大刺和若干小刺。最明显的是虫体中已有子代胚胎,子胚胎中又已孕育第三代胚胎,故称三代虫。由于三代虫具有胎生的特点,子代产出后,可在原寄主体表寄生,也可移离原寄主侵袭其他寄主。三代虫用后固着盘固着在寄主身上,同时头腺也分泌黏液黏着在寄主体上或像尺蠖一样地慢慢爬行。被三代虫锚钩钩住的寄主表皮组织,造成很多创伤,并刺激皮肤分泌黏液,使皮肤呈灰白色。病鱼初期极度不安,时而狂游于水中或急剧侧游于水底。继而食欲不振,鱼体逐渐瘦弱而死亡,鱼苗和鱼种尤受其害。

【症状】寄生于鱼的鳃部和体表,大量寄生时,病鱼体表有一层灰白色黏液,鱼体消瘦,呼吸困难。体色暗淡无光泽,鱼体瘦弱,食欲减退,呼吸困难,运动失常。仔细观察鱼体表,可见因三代虫的刺激而导致病鱼分泌一层灰白色的黏液。患病鱼常出现蛀鳍现象,金鱼尤为严重。

【诊断要点】将病鱼放在盛有清水的培养皿中,手持放大镜观察,可见虫体在鱼体表面运动。确诊需用解剖镜和显微镜观察。

【破解方案】

1. 预防

干法清塘,每亩用生石灰100千克。鱼种放养前可用20毫克/升高锰酸钾溶液浸洗15~30分,杀死鱼种上寄生的指环虫。

2. 治疗

用20毫克/升高锰酸钾溶液浸洗病鱼15~30分。10%甲苯达唑溶液,每亩水深1米用80~100克(以甲苯达唑计)全池泼洒,同时每100千克鱼用甲苯达唑5克拌料投喂,连用3天。但此法不适用于斑点叉尾鮰和大口鲶。福尔马林,200~250毫克/升的浓度浸洗病鱼25分。用量为每亩水深1米150~300克浓度的晶体敌百虫(含量90%以上)或含2.5%敌百虫粉剂700克,全池遍洒,可治疗养殖鱼类的指环虫病。晶体敌百虫和面碱(碳酸钠)合剂(1:0.6)全池泼洒,用量为每亩水深1米70~150克,或用每升水20克高锰酸钾浸洗病鱼,水温10~20℃时浸洗20~30分,水温20~25℃时浸洗15~20分,水温25℃以上时浸洗10~15分。

(三)双身虫病

【流行情况】双身虫在我国有20多种,分布很广。寄生于团头鲂、长春鳊、三角鲂、草鱼、鲤鱼、鲢鱼、鳙鱼、鲮鱼、乌鳢、密鲴、黄尾密鲴、鳡鱼、鲫鱼、鮈亚科、鳅科等淡水鱼的鳃上。过去每条鱼上寄生的数量较少,危害不大。近年来在网围、网箱,甚至在池塘养殖的团头鲂、草鱼,常有因患此病而引起大量死亡的病例,主要危害二龄以上的大鱼。该病流行于我国南方养鱼地区,每年5~6月较常见。

【病原】我国常见的有真双身虫属、侧孔双身虫属、副双身虫属及华双身虫属。双身虫的成虫由两个幼虫合并而成,一般长5～10毫米,虫体分前端和后端两部分。

双身虫从卵中孵化后,全身具有纤毛,有2个眼点,2个吸盘,1个咽和1个囊状肠。幼虫在水中游泳很短时间,就附着在宿主的鳃上,然后脱去纤毛和眼点,虫体变长,在腹面的中间形成1个吸盘,在背面中间生出1个背突。此时若两虫相遇,一个幼虫用吸盘吸住另一个幼虫的背突,发育成一个不可分割的成虫。

【症状】双身虫寄生于鱼鳃上,虫体较大,常呈棕黑色,吸食鱼血,破坏鳃组织,分泌大量黏液,影响呼吸。

疾病早期,病鱼没有明显症状。严重时揭开病鱼的鳃盖即可看到吸足血的红色、黑色虫体前段在不断摆动,虫体后段较透明。病鱼严重贫血,鳃组织受损,有大量黏液,病鱼极度不安,沿网箱边游动,上浮水面,最后因呼吸困难而死。

【诊断要点】双身虫的虫体较大,用肉眼就容易看到,所以双身虫病只需将病鱼的鳃全部取出,放在盛有清水的培养皿中,用镊子将鳃丝慢慢地拨动,用肉眼观察就可以。当发现有较多的双身虫寄生,即可诊断为患双身虫病。

【防制要点】

1. 预防

干法清塘,每亩用生石灰100千克。鱼种放养前可用20毫克/升高锰酸钾溶液浸洗15～30分,杀死鱼种上寄生的双身虫。

2. 治疗

用20毫克/升高锰酸钾溶液浸洗病鱼15～30分。10%甲苯达唑溶液,每亩水深1米用80～100克(以甲苯达唑计)全池泼洒,同时每千克饲料用甲苯达唑1克拌料投喂,连用3天。但此法不适用于斑点叉尾鲴和大口鲶。福尔马林,200～250毫克/升的浓度浸洗病鱼25分。每亩水深1米用150～300克浓度的晶体敌百虫(含量90%以上)或含2.5%敌百虫粉剂700克,全池遍洒,可治疗养殖鱼类的双身虫病。晶体敌百虫和面碱(碳酸钠)合剂(1∶0.6)全池泼洒,用量为每亩70～150克,或用每升水20克高锰酸钾浸洗病鱼,水温10～20℃时浸洗20～30分,水温20～25℃时浸洗15～20分,水温25℃以上时浸洗10～15分。

二、复殖血吸虫类疾病

(一)血居吸虫病

【流行情况】世界性鱼病,我国流行于春末夏初,主要危害鲢鱼、鳙鱼和团头鲂的鱼苗、鱼种。团头鲂的鳃肿病只出现在夏花至6厘米左右的鱼种,一龄以上未见报道。

【病原】病原有龙江血居吸虫、团头鲂血居吸虫、大血居吸虫、有棘血居吸虫等的尾蚴。

病原体有多种血居吸虫,寄生鲢鱼、鳙鱼的有龙江血居吸虫;寄生团头鲂的有鲂血居吸虫;寄生草鱼的有大血居吸虫;寄生于鲤鱼、鲫鱼的有刺血血居吸虫。血居吸虫的身体薄而小,游动时似蚂蟥状。它们的特征是无口、腹吸盘,肠道为分叶形盲囊。睾丸多对,对称地排列于虫体中部。卵巢蝴蝶形,位于睾丸之后。卵黄腺小颗粒状,分布于虫体左右两侧。卵很小,略似三角形或橘瓣形,也有少数种类为椭圆形。虫卵在鱼的鳃血管内孵化成毛蚴。毛蚴钻出血管壁落入水中,遇到椎实螺或扁卷螺,便钻入其呼吸腔,再进入肝脏,眼点消失变

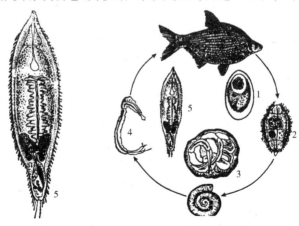

图4－15　血居吸虫生活史
1.虫卵　2.毛蚴　3.胞蚴　4.尾蚴　5.成虫

为胞蚴、雷蚴和尾蚴。尾蚴离开螺体,在水中游泳,遇到终宿主鱼类,即从体表侵入并转移到循环系统中发育为成虫。成虫寄生在鱼的心脏、动脉球和腹大动脉内。虫卵可随血流带到鳃微血管内,并在此孵化成毛蚴。毛蚴具有 4 个黑色眼点和尖锐的小刺,并利用其钻出血管壁而到水中,在水中遇到椎实螺或扁卷螺,便钻入其体内发育成胞蚴、雷蚴和尾蚴。尾蚴离开螺体到水中游泳,遇到合适的鱼类,即又钻入鱼体,并在循环系统内发育为成虫。血居吸虫生活史见图 4 - 15。

【症状】血居吸虫寄生于血液中,当寄生数量少时,往往症状不明显。当大量感染时,因成虫大量排卵,卵随血液到达鳃和其他内脏器官,由于幼鱼的鳃微血管狭小,当虫卵大量堆积时,造成机械性堵塞,致使血液循环受阻,鳃丝苍白或局部充血,当毛蚴钻出时,可使血管破裂或坏死。鱼苗发病时,鳃盖张开,鳃丝肿胀,病鱼表现为打转、急游或呆滞等现象,很快死亡,此为急性症状。若虫卵过多地累积在肝、肾、心脏等器官,则这些器官机能受到损伤,表现出慢性症状,病鱼腹部膨大,内部充满腹水,肛门出现水泡,全身红肿,有时有竖鳞、眼突出等症状,最后衰竭而死。病鱼瘦弱,离群独游,时而在水面浮头,严重时还可造成大批死亡。

【诊断要点】根据症状和流行情况初诊。确诊需要实验室鉴定。

【破解方案】

1. 预防

鱼池进行彻底清塘,消灭中间寄主;进水时要经过过滤,以防中间寄主随水带入。已养鱼的池中发现有中间寄主,可在傍晚将草扎成数小捆放入池中诱捕中间寄主,于第二天清晨把草捆捞出,将中间寄主压死或放在远离鱼池的地方将它晒死,连续数天。一龄以上的饲养池中混养吃螺的鱼类,以减少和消灭螺。根据血居吸虫不同种类对寄主选择的特异性,可采取轮养的方法。

2. 治疗

尚无有效方法。可每万尾鱼种,在饵料中拌入 90% 含量的晶体敌百虫 15 ~ 20 克投喂,每天 1 次,连喂 5 天。

（二）白内障病

【流行情况】白内障病又称瞎眼病、掉眼病。此病是一种危害较严重的疾病，造成鱼苗、鱼种大批死亡。草鱼、青鱼、鲢鱼、鳙鱼、鲤鱼、鲫鱼、赤眼鳟、鳊鱼、团头鲂、鲴类鱼、鲇鱼、乌鳢、泥鳅、鳜鱼等经济鱼类，均可被寄生，主要危害鲢鱼、鳙鱼。感染强度大，发病率高，死亡率高达60%以上。流行于春、夏两季，8月之后，一般转为白内障症状。在湖北、江苏、浙江、江西、福建、广东及四川等地均有分布。

【病原】由一些双穴属吸虫的尾蚴和囊蚴寄生于青鱼、草鱼、鲢鱼、鳙鱼、鲤鱼、鲫鱼等许多种鱼的眼球引起。我国发现的有3种，湖北双穴吸虫、倪氏双穴吸虫、匙形双穴吸虫，其终末宿主为鸥鸟，第一中间宿主为锥实螺，第二中间宿主为淡水鱼类。在池塘水边栖息的鸥鸟吃食患有复口吸虫病的蛙或鱼类，复口吸虫的成虫寄生在鸥鸟的肠道中。成虫卵随鸥鸟的粪便落入池塘的水体中，孵化成毛蚴。毛蚴遇到椎实螺后即钻进椎实螺体内，在肝脏和脏壁发育成胞蚴，胞蚴经无性繁殖产生无数尾蚴，移到椎实螺的外套腔内，然后很快离开椎实螺并在水中生活进入鱼体，在通过鱼的循环系统或神经系统达到眼球水晶体，发育成后囊蚴。

【症状】急性感染时，病鱼在水面做跳跃游泳，上下挣扎，继而运动失调，在水中翻腾或旋转，有时头朝下，尾朝上，有时平卧水面，急速游动。头部脑区出现明显的充血现象。病鱼从运动失调到死亡，时间很短，若病鱼出现弯体，则一般数天后死亡。慢性症状则无死亡现象，但眼球混浊，呈乳白色，严重感染的病鱼成瞎眼或水晶体脱落。

【诊断要点】病鱼眼睛发白。

挖出病鱼眼球，剪开眼球取出水晶体，剥下晶体外围的透明胶质，置于载玻片上，并加盖玻片，在显微镜下检查囊蚴。无显微镜时，将水晶体外围的胶质放在盛生理盐水的培养皿中，稍加摇动，肉眼可以观察到游离在生理盐水中蠕动着的白色粟米状虫体。还可调查鱼池周围或水草上是否有椎实螺存在，有则取螺体回室内检查。方法是压破外壳，取出肝、肠等，加几滴水，用解剖镜或放大镜观察是否有尾部分叉、尾柄弯曲的尾蚴存在，并统计其阴、阳性螺的百分率。一般阳性率有 20% ~30% ,即可见造成严重危害。

【破解方案】鱼池进行彻底清塘,消灭中间寄主;进水时要经过过滤,以防中间寄主随水带入。已养鱼的池中发现有中间寄主,可在傍晚将草扎成数小捆放入池中诱捕中间寄主,于第二天清晨把草捆捞出,将中间寄主压死或放在远离鱼池的地方将它晒死,连续数天。一龄以上的饲养池中混养吃螺的鱼类,以减少和消灭螺。驱除鸥鸟等水鸟。发病鱼池每亩水深 1 米用 450 克硫酸铜全池遍洒,24 小时内连续施药 2 次,杀死椎实螺。

(三)黑点病

【流行情况】黑点病又称黑斑病。此病主要危害草鱼、鲢鱼、鳙鱼等鱼的鱼苗、鱼种。我国长江流域曾发生过因此病而引起大批死亡的病例。春末到秋末之间都可发生。

【病原】此病由茎复口吸虫的囊蚴寄生于鱼的皮肤、鳍、眼角膜等处引起。茎双穴吸虫(属复殖血吸虫)的囊蚴,结囊,将囊壁挑破后可见虫体前端有 1 个口吸盘,两侧各有 1 个侧器;口吸盘下方为咽,肠支伸至体后端;在虫体 1/3 前面有 1 个腹吸盘,其下为很大的黏附器;有的虫在黏附器后面已有生殖原基。成虫分为前后两部分,前部叶形,较大;有口吸盘、腹吸盘,在腹吸盘后面有黏附器,口吸盘下有咽和食道,肠为盲支,直伸至体后部;体的后端有 1 个卵巢和 1 对睾丸;生殖孔开口于体末端;一部分卵黄腺常在虫体的前半部。成虫寄生于苍鹭、翠鸟等吃鱼鸟类的肠中;第一中间宿主为椎实螺,鱼为其第二中间宿主。

【症状】疾病早期没有明显症状;疾病严重时,病鱼消瘦,体表皮肤、鳍、眼角膜、头部等处有许多黑色的小结节,故称黑点病。这是由于虫体孢囊壁上被宿主的黑色素包围的结果,这在花鲢上最为明显;白鲢患病后,虽体表也有很多小结节,结节外有些也有黑色素包围,但比花鲢要差得多。病鱼体表充血,用手摸之,有粗糙感;有时也会引起鱼体变形,直至脊椎弯曲等。病鱼贫血,当急性严重感染时,生长停止,并会出现大批死鱼。

【诊断要点】此病根据鱼体上密布黑点即可初步诊断。

取下病鱼的鳍或者鳞片、皮肤,放在盛有生理盐水的培养皿(或白瓷盘)中,将鳞片、鳍、皮肤上的孢囊轻轻取下,然后用两枚小针将孢囊挑破,虫体进入水中,用显微镜检查,即可做出诊断。

【破解方案】鱼池进行彻底清塘,消灭中间寄主;进水时要经过过滤,以防中间寄主随水带入。已养鱼的池中发现有中间寄主,可在傍晚将草扎成数小捆放入池中诱捕中间寄主,于第二天清晨把草捆捞出,将中间寄主压死或放在远离鱼池的地方将它晒死,连续数天。一龄以上的饲养池中混养吃螺的鱼类,以减少和消灭螺。驱除鸟类。

(四)扁弯口吸虫病

【流行情况】该病流行于鹭科鸟类及萝卜螺多的地区,新疆、湖北、广东等地有分布,被感染的鱼类有草鱼、鲢鱼、鳙鱼、鲤鱼、鲫鱼等经济鱼类,主要危害鱼种,严重时可引起鱼种死亡。该病具有暴发性强,感染率高的特点,从发现并确定病因到苗种池大面积感染发病只有10余天时间。

【病原】病原为扁弯口吸虫(属复殖吸虫)的囊蚴。成虫寄生于水鸟,囊蚴寄生于鱼类的肌肉,形成圆形囊体,橘黄色,直径2.5毫米左右。成虫寄生于鹭科鸟类的咽喉,当鹭在啄食鱼虾时,卵便可排至水中,在水温28℃时,8天孵出毛蚴。第一中间宿主为斯氏萝卜螺和土蜗;毛蚴钻入萝卜螺后,在外套膜上发育为胞蚴;胞蚴发育为1个雷蚴,迁移到螺的肝脏,经两代繁殖为数百个子雷蚴,然后产生尾蚴,至肌肉,经3个月发育为囊蚴;鹭吞食病鱼,囊蚴从囊中逸出,从食道迁回至咽喉,4天后成熟排卵。

【症状】寄生部位以头部为主,躯干以尾柄密度最大,其次为腹鳍和臀鳍的浅层肌,体侧浅层肌上亦有少量分布。鱼种发病初期除稍有减食外没有明显症状,但清晨巡塘时发现少量发病或病死鱼种,症状主要是头,咽部或尾部肌肉浅层有突起的圆形橘黄色包囊体(初现的包囊体没有颜色);疾病严重时,可见鱼的头部及躯干部(以尾柄处密度为大)有大量橘黄色孢囊,其次为腹鳍和臀鳍的浅肌层,体侧浅层肌肉中也有少量孢囊。孢囊为圆形,直径2.5毫米,每尾鱼上有数个至百余个孢囊。

【诊断要点】根据症状及流行情况进行初步诊断。必须将病鱼体上的橘黄色孢囊取出,放入盛有生理盐水的培养皿中,用2枚小针将孢囊挑破,将虫吸在载玻片上,用显微镜检查确诊。注意当鱼体上仅有少量扁弯口吸虫的囊蚴寄生时,则不会引起鱼死亡,应再做仔细检查病鱼患其他疾病。

【破解方案】彻底清塘,杀灭池中的第一中间宿主及虫卵、尾蚴。加强饲养管理,保持优良水质,增强鱼体抵抗力。当要加注清水时,一定要经过过滤,严防第一中间宿主螺类随水带入。在该病流行地区,养鱼池中如发现有萝卜螺第一中间宿主时,应及时用草捆诱捕杀灭,具体方法同血居吸虫病。

(五)侧殖吸虫病

【流行情况】此病是我国鱼类中常见的寄生虫病,终末寄主有草鱼、青鱼、鲢鱼、鳙鱼、鲫鱼、鲤鱼、长春鳊、团头鲂以及麦穗鱼、泥鳅、花鳅等十多种。国内主要养鱼地区都有发生,尤以长江中下游一带常见,流行于5~6月。对鱼苗危害大,可引起大批死亡,而未见到鱼种和成鱼因该虫寄生而造成死亡的病例;一种侧殖吸虫寄生于鳜鱼的肾脏,引起肾脏表面高低不平,但危害不大。

【病原】病原为日本侧殖吸虫。虫体像一小芝麻,体内有口、腹吸盘,虫体后半部中可见睾丸和卵巢各1个,以及在体两侧排列着块状的卵黄腺,阴茎和子宫末端开口于身体的一侧,并有小刺,卵梨形并具卵盖。侧殖吸虫的成虫肠内排卵,卵随鱼粪落入水中,孵化出毛蚴,然后进入田螺、纹沼螺等体内发育成雷蚴、尾蚴。尾蚴为无尾型,形似成虫,它们移行到螺蛳的触角上,为鱼苗吞食后,在鱼肠中发育成成虫;或又进入其他螺体中结囊成囊蚴,青鱼和鲤鱼等吞食螺类后,囊蚴在鱼肠中发育成虫。

【症状】发病鱼苗体色变黑,游动无力,群集于鱼池下风处,闭口不食,俗称闭口病,可引起鱼苗大量死亡。6~10厘米的鱼种发病,除可见体消瘦外,外表无明显的症状。解剖病鱼,可见消化道被虫体充满堵塞,虫子寄生多了会造成鱼体肠道机械性堵塞,影响鱼苗鱼种的摄食和消化。肠道堵塞是造成鱼苗闭口病的原因。鱼苗死亡是由于得不到维持生命必需的营养,造成衰竭的结果。

【诊断要点】病鱼消瘦、贫血,体表出现大量黑色结节。取鱼肠道,剪开后刮下内容物,在水中搅动,用放大镜仔细观察可见灰白色蠕动的虫体。

【破解方案】鱼苗发病后由于闭口不食,所以无法进行治疗,应以预防为主。

鱼池进行彻底清塘,消灭中间寄主;进水时要经过过滤,以防中间寄主随水带入。已养鱼的池中发现有中间寄主,可在傍晚将草扎成数小捆放入池中诱捕中间寄主,于第二天清晨把草捆捞出,将中间寄主压死或放在远离鱼池的地方将它晒死,连续数天。

三、绦虫类疾病

(一)鲤蠢病

【流行情况】在我国湖北、江西以及东北等地发现,主要寄生在鲫鱼及二龄以上的鲤鱼肠内,大量寄生的病例不多。在东欧此病较多见,流行于4～8月。目前,我国寄生于池养鲤、鲫鱼的情况较少,但在湖泊、水库中比较常见,某些水体中如网箱养鲤鱼有较高的感染率和感染强度。

【病原】病原体主要有短颈鲤蠢绦虫、微小鲤蠢绦虫。虫体呈带形,乳白色,不分节,只有一套生殖器官,精巢在近头端处,卵巢呈H形,在身体的后部。鲤蠢绦虫头部不扩大,前缘皱褶不明显,颈短;而许氏绦虫头部明显扩大,前端边缘呈鸡冠状折皱,颈较长。这类绦虫的中间宿主是环节动物颤蚓,原尾蚴在颤蚓的体腔内发育,呈圆筒形,体长1～5毫米,前端有一吸附的沟槽,后端有一个带小沟的尾部,当鱼吞食感染有原尾蚴的颤蚓,即被感染而绦虫发育成虫。

【症状】轻度感染时无明显变化。大量寄生时,肠道被堵,被堵的肠膨大成硬的球状,并引起肠壁发炎,病鱼贫血,以至死亡。病鱼瘦弱,食欲减退或不摄食。剖开鱼腹,可见肠外壁局部充血,部分鱼肠有出芽状突起,大小不一,芽状部分较肠管部分硬实。剖开肠管,肠内充满白色脓样黏液,病灶部位充满蠕动的绦虫,可多达50～100

条。

【诊断要点】诊断时,剖开腹腔,取出肠道,小心剪开,即可看到充塞在病鱼肠道中的绦虫。

【破解方案】彻底清塘,杀灭虫卵。每千克饲料用加麻拉 400 克或棘蕨粉 600 克,拌饲一次投喂。每千克饲料用甲苯达唑 1 ~ 2 克拌饲投喂,连喂 3 天。

(二)中华许氏绦虫病

【流行情况】全国均有分布,主要危害 2 龄以上鲤、鲫鱼;流行于 4 ~ 8 月。在福建曾发生 2 龄鲤鱼被大量寄生而死亡的病例。

【病原】病原为中华许氏绦虫。

【症状】轻度感染时无明显变化。大量寄生时,肠道被堵,被堵的肠膨大成硬的球状,并引起肠壁发炎,病鱼贫血,以至死亡。病鱼瘦弱,食欲减退或不摄食。剖开鱼腹,可见肠外壁局部充血,部分鱼肠有出芽状突起,大小不一,芽状部分较肠管部分硬实。剖开肠管,肠内充满白色脓样黏液,病灶部位充满蠕动的绦虫。

【诊断要点】诊断时,剖开腹腔,取出肠道,小心剪开,即可看到充塞在病鱼肠道中的绦虫。

【破解方案】彻底清塘,杀灭虫卵。每千克饲料用加麻拉 400 克或棘蕨粉 600 克,拌饲一次投喂。每千克饲料用甲苯达唑 1 ~ 2 克拌饲投喂,连喂 3 天。

(三)九江头槽绦虫

【流行情况】主要是广东、广西的地区性鱼病,现在湖北、福建、贵州等地有发现。主要危害草鱼种,青鱼、团头鲂、鲢鱼、鳙鱼、鲮鱼也可感染,能引起草鱼种大批死亡,死亡率可高达 90%。草鱼在 8 厘米以下危害最严重,超 10 厘米,感染率下降,二龄以上只偶尔发现少数头节和不成熟的个体。

【病原】病原为九江头槽绦虫。头槽绦虫为扁带形,由许多节片组成,头节略呈心脏形,顶端有顶盘,两侧有 2 个深沟槽。无明显的颈部。每个体节片内均有一套雌雄生殖器官,睾丸小球形,成单行排列在髓层;卵巢块状双叶腺状,卵黄腺散布在皮层,成熟节片内充满虫卵。头槽绦虫虫卵随鱼粪落入水中,孵化出钩球蚴,为刘氏剑水蚤和温剑水蚤吞食后,在剑水蚤体腔内发育成原尾蚴,当剑水蚤被鱼吞食后,即在鱼肠道内发育为裂头蚴,并陆续长出节片成虫。头槽绦虫主要寄生在小鱼前肠的第一盘曲内,以头槽吸附在肠襞的皱襞上,严重感染时,前肠膨大成胃囊状,直径较正常增大3倍,使肠壁扩张,皱褶萎缩,肠壁出现慢性炎症。由于寄生虫密集,造成肠道机械埂塞,食物难以通过。同时,寄生虫吸取寄主的营养,影响鱼体生长发育,体重明显减轻,不摄食,病鱼口张大,身体黑色素增加。

【症状】病鱼瘦弱,体表黑色素增加,离群独游,恶性贫血,口常张开,食量剧减,俗称干口病。严重的病鱼前腹部有膨胀感,触摸时感觉结实,剖开鱼腹,可见前肠形成胃囊状扩张及白色带状虫体。

【诊断要点】剪开鱼前肠扩张部位,即可见白色带状虫体。

【破解方案】每亩用生石灰100千克或漂白粉15千克彻底清塘。用南瓜子粉250克与500克米糠拌匀,连喂3天,能毒杀绦虫。用使君子2.5千克,葫芦金5千克,捣烂煮成5~10千克汁液,将汁液拌入7.5~9千克米糠中,连喂4天,其中第二天至第四天的药量减半,米糠量不变,可治疗鱼病。每千克饲料用槟榔2~4克制成颗粒饲料投喂,每天1次,连用3~5天。晶体敌百虫(90%)50克和面粉0.5千克混合做成药饵,按鱼定量投喂,每天1次,连续6天。每千克饲料用甲苯达唑1~2克拌饲投喂,连喂3天。

(四)舌状绦虫病

【流行情况】该病流行范围很广,池塘、湖泊、水库均可发病,但以大型水体严重。鲢鱼、鳙鱼、鲤鱼、鲫鱼等鲤科鱼类均受其害。病鱼的感染率随年龄的增长而提高。一般在夏季流行。

【病原】病原是舌状绦虫和双丝绦虫的裂头蚴。舌状绦虫的裂头蚴呈白色的长带状,俗称面条虫。成虫寄生在水鸟,主要是鸥鸟的肠中,鱼类是它的第二中间宿主。它的虫卵随终寄主鸥鸟的粪便一同排到水里,在水里孵出钩球蚴,钩球蚴在水中自由游泳,被一种细镖水蚤吞食后,在其体内发育为原尾蚴。鱼吞食了感染有原尾蚴的细镖水蚤后,原尾蚴穿过鱼的肠壁到达体腔,发育为裂头蚴。病鱼被水鸟捕食,裂头蚴在水鸟肠内发育为成虫并产卵。虫卵随同水鸟的粪便落到水里,又重新开始其生活史。由于它的寄生,使寄主内部器官受压而逐渐萎缩,正常机能受到破坏,引起生长停滞,鱼体瘦弱;有时裂头蚴还会破坏鱼的腹壁,钻出体外,这就更快地导致鱼的死亡。

【症状】病鱼腹部膨大,消瘦,游动无力,且失平衡,剖开腹腔可见大量白色虫体充滞于腹腔内,内脏器官受压萎缩,无生殖能力。

【诊断要点】解剖可见大量白色虫体在鱼体内。

【破解方案】驱赶水鸟,不让其靠近养殖水域。每亩用生石灰100千克或漂白粉15千克彻底清塘。每千克饲料用甲苯达唑1~2克拌饲投喂,连喂3天。

四、线虫类疾病

(一)毛细线虫病

【流行情况】毛细线虫寄生于青鱼、草鱼、鲢鱼、鳙鱼、鲮鱼及黄鳝肠中,主要危害当年鱼种,与其他病并发,可导致鱼种大批死亡。12厘米以上的大规格鱼种和成鱼感染率低。该寄生虫在任何季节都能找到,呈全国分布。

【病原】病原有毛细线虫属毛细科,毛细线虫属。虫体细小如丝,前端尖细,后端稍粗大,体表光滑。口端位,没有唇和其他构造,食道细长,由26~36个单行排列的食道细胞组成,肠的前端膨大,肛门和泄殖孔开口在虫体后端。雌虫长,雄虫短。卵生,卵呈柠檬状。卵随宿主粪便排入水中,开始分裂,形成幼虫,但幼虫不出壳,在卵壳内可存活30天左右,脱出卵壳的幼虫不能存活。鱼吞食了含有幼虫的卵而被感染。

【症状】少量寄生,往往症状不明显。虫体感染较多时,鱼体消瘦,体色变黑,离群独游。虫体头部钻入宿主肠壁黏膜层,破坏肠壁组织,而使肠道中其他致病菌侵入肠壁,引起发炎,并可致鱼死亡。长度1.7~6.6厘米的青鱼和草鱼,平均感染强度为7~8条,就能引起大量死亡。此病往往和烂鳃、肠炎、车轮虫等病以及九江头槽绦虫病形成并发症。

【诊断要点】剪开肠道,看到鱼种肠内有大量毛细线虫寄生时,才能诊断为毛细线虫病。

【破解方案】彻底清塘,暴晒池底,然后用生石灰清塘。用漂白粉和石灰合剂带水清塘,使池水浓度为漂白粉10毫克/千克,生石灰120毫克/千克。稀养加快鱼种生长。口服敌百虫治疗,每万尾鱼种或50千克鱼用15~20克敌百虫拌食料投喂,每天1次,连续5天,可驱除虫体,减轻病情。每千克饲料用甲苯达唑1~2克拌饲投喂,连喂3天。

(二)嗜子宫线虫病

【流行情况】主要危害一龄以上的鲤鱼,全国各地均有流行。亲鱼因患此病影响性腺发育,往往不能成熟产卵。通常发生于5~6月。长江流域一带一般于冬季虫体在鳞片下出现,但因虫体较小又不甚活动,所以不易被发现,到了春季水温转暖之后,虫体生长加速,从而使鱼致病。在6月之后,母体完成繁殖,鱼体表就不再有虫体。不同种类的嗜子宫线虫对寄主以及寄生部位有明显的专一性。一般不引起死亡,仅降低其商品价值。可引起细菌、真菌的感染。严重时也可引起死亡。

【病原】病原体为嗜子宫线虫。雌虫较雄虫大很多,虫体呈线状,两端圆形,活体时肉红色,俗称红线虫。鲤似嗜子宫线虫寄生于鲤的鳞囊,鲫似嗜子宫线虫寄生于鲫的尾鳍,草鱼似嗜子宫线虫寄生于草鱼头部皮下组织,鲇棍形线虫寄生于鲇形目鱼类的头部皮下组织,藤本嗜子宫线虫寄生于乌鳢的背鳍和臀鳍,黄颡鱼似嗜子宫线虫寄生于黄颡鱼的眼睛。成熟的雌虫从体腔或组织中钻出,钻破寄主的皮肤浸泡于水中,由于渗透压的关系,虫体壁破裂,子宫也随之破裂,子宫中的幼虫落入水中,被中间寄主萨氏中镖水蚤等大型水蚤吞食后,幼虫便在其体腔中发育。鱼吞食了带有幼虫的水蚤后而被感染,在体腔中经过一段时间的发育,雌、雄虫体交配后,雌虫迁移至寄生部位并发育成熟。

【症状】虫体寄生处,组织充血、发炎、溃疡甚至坏死。并在病灶处可见红色虫体盘曲其中。嗜子宫线虫对寄主和寄生部位有专一性,表现的症状也不尽相同。

鲤似嗜子宫线虫雌虫寄生于二龄以上的鲤鱼、红鲤鱼鳞片下,吸取鱼体营养发育长大,破坏皮下组织,使鳞囊胀大,鳞片松散,竖起,甚至导致鳞片脱落、肌肉发炎、溃疡,继发感染细菌和水霉,严重时造成死亡。

鲫似嗜子宫线虫雌虫主要寄生于鲫鱼和金鱼的尾鳍。展开鳍条对光用肉眼或在解剖镜下观察,可见红色虫体寄生其中。虫体在鳍条之间与鳍条平行,将鳍条撕开,虫体就暴露出来。在春季,虫体因发育成熟钻破鳍膜组织繁殖后代,引起鳍条充血、破裂、鳍基发炎,往往感染水霉,使病情加重。

【诊断要点】肉眼即可见寄生于鳍条上、鳞片下的红色线虫。

【破解方案】生石灰彻底清塘。切忌用茶饼清塘,因茶饼不仅不能杀死幼虫,还可以延长水中幼虫的寿命。对于寄生于体表和鳍上的虫体,可用1%的高锰酸钾液或碘酒涂抹患处。用2%～2.5%食盐水浸泡鱼体15～20分。

五、棘头虫类疾病

(一)沙市刺棘头病

【流行情况】我国东北地区和长江流域均有此病发生。主要危害鱼种,大量寄生可引起鱼种短期内大批死亡。

【病原】沙市刺棘虫是此病病原。虫体小,全身披棘。此虫中间宿主是介形虫,鱼吞食了介形虫后被感染。

【症状】病鱼消瘦,鱼体发黑,离群靠边缓游。前腹部膨大成球状,肠道轻度充血,呈慢性炎症。2～3厘米的鱼种感染2～7个虫体即可引起病害。

【诊断要点】根据症状可以初诊,剖开鱼的肠道可见白色的虫体即可确诊。

【破解方案】生石灰彻底清塘。切忌用茶饼清塘,因茶饼不仅不能杀死幼虫,还可以延长水中幼虫的寿命。对于寄生于体表和鳍上的虫体,可用1%的高锰酸钾液或碘酒涂抹患处。用2%~2.5%食盐水浸泡鱼体15~20分。口服敌百虫治疗,每万尾鱼种或50千克鱼或每千克饲料用15~20克敌百虫拌食料投喂,每天1次,连续5天,可驱除虫体,减轻病情。每千克饲料用甲苯达唑1~2克拌饲投喂,连喂3天。

(二)长棘吻虫病

【流行情况】该病分布极广泛,但流行病不多见。见于多种海水、淡水鱼类,幼鱼至成鱼均可发病,主要危害2龄鲤鱼。夏花被3~5条虫体寄生即可引起死亡,大量寄生时也可引起2千克以上的成鱼死亡。发病时感染率为70%,严重时可达100%,一般呈慢性死亡,可持续数月之久,累计死亡率为60%。发病于5~7月。

【病原】病原体为长棘吻虫。病原体为鲤长棘吻虫。虫体短柱状,身体近后端1/3处最宽大。吻部细长,具吻沟12纵行,每行有20~22个,前端的钩大于后端的钩,腹侧的钩大于相对的背侧的钩。颈部短,吻鞘细长,并常在其前端和末端处各有一膨大成球的部分。神经节位于吻鞘前端膨大部内。吻腺极长,并盘转曲折几乎布满身体前部的空间。身体前部狭细如颈,外被体刺,体刺排列不规则,每个刺外包有一层薄膜,形成圆锥状的钟罩。身体其余部分为较粗的筒状,光滑无刺。雄虫体长8.4~11.5毫米,精巢长卵形,前后排列;雌虫体长19~28毫米,体内充满卵巢球和细长梭形的卵。成熟的虫卵被剑水蚤或端足类吞食后,孵出的幼虫钻过肠壁到达体腔中,经过棘头蚴、前棘头体和棘头体3个阶段。感染有幼虫的剑水蚤或端足类被终宿主鲤鱼吞食后,就在其肠道内发育为成虫。

【症状】长棘吻虫寄生于鱼的肠道内。通常寄生在前肠,数量多则延及全肠。少量感染除局部病灶有炎症外,一般不显示症状。大量寄生引起肠管膨大,堵塞肠道,造成阻梗,肠壁胀的很薄,内脏器官粘连而无法剥离,肠腔内充满黄色黏液和坏死脱落的肠壁细胞及血细胞。有的能穿透肠壁,进入体腔,并钻入其他内脏器官或体壁,引起体壁溃烂,甚至穿孔。病鱼消瘦,丧失食欲、贫血,逐渐死亡。夏花鲤鱼被3~5个此虫寄生时,肠壁就胀得很薄,肠内无食物,不久即死去。

【诊断要点】将鱼剖开,用常规方法剪开肠壁,肉眼可见乳白色虫体,吻部钻在肠壁组织内。

【破解方案】生石灰彻底清塘。切忌用茶饼清塘,因茶饼不仅不能杀死幼虫,还可以延长水中幼虫的寿命。对于寄生于体表和鳍上的虫体,可用1%的高锰酸钾液或碘酒涂抹患处。用2%～2.5%食盐水浸泡鱼体15～20分。口服敌百虫治疗,每万尾鱼种或50千克鱼或每千克饲料用15～20克敌百虫拌食料投喂,每天1次,连续5天,可驱除虫体,减轻病情。每千克饲料用甲苯达唑1～2克拌饲投喂,连喂3天。

(三)强壮粗体虫病

【流行情况】该病全国分布。主要寄生于鲤鱼和鲫鱼的肠道中,鳜鱼等鱼类也见感染。

【病原】病原为强壮粗体虫。

【症状】主要寄生于鱼的肠腔内,大量寄生可引起肠道阻塞穿孔,甚至死亡。

【诊断要点】将鱼剖开,用常规方法剪开肠壁。

【破解方案】生石灰彻底清塘。切忌用茶饼清塘,因茶饼不仅不能杀死幼虫,还可以延长水中幼虫的寿命。对于寄生于体表和鳍上的虫体,可用2%～2.5%食盐水浸泡鱼体15～20分。口服敌百虫治疗,每万尾鱼种或50千克鱼或每千克饲料用15～20克敌百虫拌食料投喂,每天1次,连续5天,可驱除虫体,减轻病情。每千克饲料用甲苯达唑1～2克拌饲投喂,连喂3天。

(四)乌苏里似棘头吻虫

【流行情况】北自乌苏里江,南自湖北均有分布。寄生于草鱼、鲢鱼、鳙鱼、鲤鱼等鱼类。主要危害草鱼,均可造成病鱼在较短时间内死亡。

【病原】病原为乌苏里似棘头吻虫。雄虫虫体较短小,略呈香蕉形,前部向腹面弯曲,体长 0.7 ~ 1.27 毫米,体表披有横行小刺,前端腹侧特别密集,且其基部呈不规则状膨大,同时又向背部方向不规则地稀疏,甚至有些行到背部完全缺如,后部刺行逐渐变稀、刺变小,但到末端则有数行倒生较清晰的倒刺。吻短小,鞘单层,吻钩 18 个,分 4 圈排列,第一圈 4 个,最大,第二、第三圈各 4 个,排在前列两钩之间的后方,并逐圈小一点,第四圈 6 个,最小,均匀地分布在第三圈吻钩之后。吻腺等长或稍有长短,其长度为吻鞘的 2 倍以上,几乎达到虫体的中部,体壁有巨核,背面 5 ~ 6 个,腹面 2 个。精巢 2 个,圆球形,位于身体后半部,黏液腺合胞型,有核 3 ~ 4 个。雌虫体长 0.9 ~ 2.3 毫米,宽 0.12 ~ 0.32 毫米,细长黄瓜形。吻、颈、吻钩和体刺等与雄虫一样。雌生殖孔位于末端腹面,子宫钟开口于腹面中下部,卵长椭圆形。乌苏里似棘吻虫对寄主似无专一性,对各种喜食介形虫的淡水鱼都能感染。试验证实,气泡介形虫体腔内有棘头体,其体形、吻钩等结构与成虫一模一样,仅体积稍小。将寄生有棘头虫的气泡介形虫投喂草鱼,第二天就可在草鱼前肠中找到生殖器尚未发育完全的小乌苏里似棘吻虫了。

【症状】病鱼瘦弱,体色发黑,漂浮在水面上,游动无力,不摄食。腹鳍基部充血,前腹部充血,前腹部膨大如球,剖开鱼体肠道充血。病情严重时肠道内聚集大量虫体肠壁变薄而脆,容易破裂。将要死亡的鱼在水面上打转,头部连续蹿出水面,鱼体翻转,尾巴出现痉挛性颤动,随即下沉死亡。

【诊断要点】解剖鱼体,剖开肠道取出内容物,即可见的白色虫体。也可以制片用解剖镜或显微镜检查进一步确诊。

【破解方案】生石灰彻底清塘。切忌用茶饼清塘,因茶饼不仅不能杀死幼虫,还可以延长水中幼虫的寿命。对于寄生于体表和鳍上的虫体,可用 1% 的高锰酸钾液或碘酒涂抹患处。用 2% ~ 2.5% 食盐水浸泡鱼体 15 ~ 20 分。口服敌百虫治疗,每万尾鱼种或 50 千克鱼或每千克饲料用 15 ~ 20 克敌百虫拌食料投喂,每天 1 次,连续 5 天,可驱除虫体,减轻病情。每千克饲料用甲苯达唑 1 ~ 2 克拌饲投喂,连喂 3 天。

（五）假全刺棘环虫

【流行情况】主要危害鲢鳙鱼和鲫鱼，斗鱼和黄鳝也有报道，我国南北方均可见。

【病原】病原为假全刺棘环虫。

【症状】主要寄生于鱼的肠腔内，大量寄生可引起肠道阻塞穿孔，甚至死亡。

【诊断要点】剖开肠道可见香蕉形虫体。

【破解方案】生石灰彻底清塘。切忌用茶饼清塘，因茶饼不仅不能杀死幼虫，还可以延长水中幼虫的寿命。对于寄生于体表和鳍上的虫体，可用1%的高锰酸钾液或碘酒涂抹患处。用2% ~2.5%食盐水浸泡鱼体15~20分。口服敌百虫治疗，每万尾鱼种或50千克鱼或每千克饲料用15~20克敌百虫拌食料投喂，每天1次，连续5天，可驱除虫体，减轻病情。每千克饲料用甲苯达唑1~2克拌饲投喂，连喂3天。

六、环节动物类疾病

（一）尺蠖鱼蛭病

【流行情况】该病主要危害鲤鱼、鲫鱼等底层鲤科鱼类。该病感染率不高，对养鱼生产危害不大。在我国长江中下游一带地区、华北和东北地区发现此种病，流行面广。

【病原】由尺蠖鱼蛭寄生引起。尺蠖鱼蛭虫体呈长圆筒形，后端扩大，背部稍扁，体长2~5厘米，体色一般为褐绿色，有时会随寄主皮肤的颜色而变化。身体前端、后端各有一吸盘，后吸盘约比前吸盘大1倍。雌雄同体，异体受精或自体受精。鱼蛭把卵产在黄褐色茧内，茧附着于水底各种物体上，从卵内孵出来即成鱼蛭。

【症状】尺蠖鱼蛭寄生在鱼的体表、鳃及口腔。少量寄生时对鱼的危害不大；寄生数量多时，尤其是鱼种，因虫体在鱼体上吸血和爬行，鱼表现不安，常跳出水面，在冬季更明显。被破坏的体表呈现出血性溃疡，严重时则坏死。尺蠖鱼蛭寄生在鳃时，引起呼吸困难。病鱼消瘦,生长缓慢,贫血以至死亡。

【诊断要点】主要根据症状和流行情况初诊。肉眼见鱼体上寄生尺蠖鱼蛭时可确诊。

【破解方案】用生石灰清塘,杀死病原。用 2.5% 食盐水浸浴病鱼 0.5 ~ 1 小时,鱼蛭便可从鱼体上跌落下来,再用机械方法将鱼蛭处死。

(二)中华颈蛭病

【流行情况】中华颈蛭病又称中华湖蛭、蚂蟥,各地均有,寄生在鲤鱼、鲫鱼的鳃盖内表面。通常鲤鱼的感染率较鲫鱼高,越是大的个体感染率也越高。此病多流行于春季,但感染率不大。

【病原】该病是由中华颈蛭寄生而引起的鱼病。虫体呈椭圆形,背部稍隆起,体长 3.4 ~ 5.5 厘米,宽 0.8 ~ 2.2 厘米。呈淡黄色或白色,环带区粉红色。前端有一个前吸盘,下接一狭而短的颈部;后吸盘较前吸盘大,其大小仅次于体宽。体侧有膜质圆形的皮肤囊 11 对,这些小囊具有呼吸作用,并能有节律地搏动。

【症状】中华颈蛭主要寄生在鲤鱼、鲫鱼的鳃盖内表皮,用口吻吸取鱼的血液,被寄生处的表皮组织受破坏,引起贫血和继发感染,影响生长。个别严重病例,病鱼因呼吸困难和失血过多,体质瘦弱而死亡。

【诊断要点】虫体较大,肉眼可见。

【破解方案】用生石灰清塘,杀死病原。用 2.5% 食盐水浸浴病鱼 0.5 ~ 1 小时。对病鱼应拨除虫体,用火焚毁。

第六节　甲壳动物疾病安全防控关键技术

一、桡足类疾病

(一)中华鳋病

【流行情况】中华鳋病又名鱼鳃蛆病。该病在我国流行甚广,北起黑龙江,南至海南均有发生。在长江流域一带从每年的 4 ~ 11 月是中华鳋的繁殖时期,5 ~ 9 月流行最盛。大中华鳋主要危害二龄以上的草鱼,鲢中华鳋主要危害二龄以上的鲢鱼、鳙鱼。通常 15 厘米以上的大鱼种和一龄以上的成鱼危害较严重。

【病原】病原有大中华鳋(图 4 – 16)、鲢中华鳋和鲤中华鳋。寄生草鱼、青鱼、鲶鱼、赤眼鳟、鳡鱼和淡水鲑等鳃丝上的为大中华鳋;寄生在鲢鱼、鳙鱼鳃丝和鲢鳃耙上的为鲢中华鳋;寄生在鲤、鲫鱼鳃丝上的为鲤中华鳋。对鱼类危害较大的是大中华鳋。大中华鳋身体

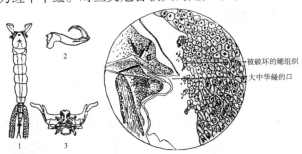

破坏的鳃组织
大中华鳋的口

图 4 – 16　大中华鳋
1. 虫体背面观　2. 第二触角　3. 口器
4. 大中华鳋的寄生引起草鱼鳃丝肿大以及组织破坏的情形

细长,圆柱形,全身分头、胸、腹三部分。头部为半卵形,与胸部之间有一个较长稍向外突出的假节。第二触肢的第三节特别长大,略弯

成 S 形。胸部第一至四节宽度相等,第四胸节特别长大,第五胸节显著不为第四胸节所遮盖。生殖节短小,腹部极长,在第一至三腹节之间各有一假节。鲢中华鳋、鲤中华鳋与大中华鳋的主要区别是前两种体长比后一种短而宽,头胸部假节相对地不发达,第五胸节被第四胸节所遮盖。虫体用钩钩破鳃组织,吸取营养,同时分泌一种酶,刺激鳃组织增生,使鳃丝末端肿胀发白或弯曲变形,不但影响鱼的呼吸,而且伤口易受细菌感染,引起鳃丝发炎,加重病情。

【症状】当轻度感染时一般无明显的病症。严重感染时病鱼呼吸困难,焦躁不安,在水表层打转或狂游,尾鳍上叶常露出水面(故又称翘尾巴病),最后消瘦窒息而死。中华鳋在摄食时,口中分泌酶溶解组织,进行肠外消化,因而寄生部位鳃丝肿大,黏液增多,或因受细菌感染而局部发炎。鲢中华鳋也可在鳃耙上寄生。

【诊断要点】用镊子掀开病鱼的鳃盖,沿其鳃边缘剪去,肉眼可看到鳃丝末端内侧上乳白色的虫体,或用剪刀将左右两边的鳃完整地取出放在培养皿里,将鳃片逐片分开,在解剖镜下用解剖针将鳃丝拨开,可鉴定、统计出中华鳋的数量。

【破解方案】生石灰彻底清塘,杀灭虫卵、幼虫和带虫者。根据鳋对寄主的选择性,可采用轮养的方法进行预防。

(二)日本新鳋病

【流行情况】我国的东北地区、长江流域以及广东等地都有分布,在湖北武汉、广东连州市曾因此病引起草鱼种的死亡,上海青浦区也曾发现青鱼种死亡的病例。

【病原】病原为日本新鳋。日本新鳋头部呈等腰三角形,两腰有两个波浪形的起伏;第一胸节特大,后缘几乎成圆弧,其余四节急剧减少;生殖节膨大如坛状,宽大于长。卵囊中间粗,两端尖细。

【症状】日本新鳋的雌虫寄生在草鱼、青鱼、鲢鱼、鳙鱼、鲤鱼、鲫鱼、鲶鱼等鱼的鳍、鳃耙、鳃丝上和鼻腔内。病鱼身体消瘦发黑,在体表及各鳍条上,特别在背鳍、鼻孔附近及尾鳍上,可看到许多小白点。病鱼常有浮头现象。尤其是虫体大量寄生在鳃组织时,鱼的食欲减退,影响生长,因第二触肢长期插入鳃丝,引起鳃组织分泌黏液显著增加,造成鳃组织出血、水肿等现象,影响鱼的呼吸,可引起当年鱼种的大量死亡。

【诊断要点】根据症状和流行情况即可诊断。

【破解方案】生石灰彻底清塘,杀灭虫卵、幼虫和带虫者。用20毫克/升的高锰酸钾溶液浸洗病鱼:水温 10 ~ 20℃时,浸洗 20 ~ 30分,水温 21 ~ 25℃时,浸洗 15 ~ 20 分,水温在 25℃以上时,浸洗 10 ~ 15 分。

(三)锚头鳋病

【流行情况】因锚头鳋在 12 ~ 33℃均可繁殖,故本病流行于 4 ~ 11 月,而以夏季为最甚。对各年龄鱼均可危害,尤以鱼种受害最大,可引起死亡;对二龄以上的鱼虽不引起大量死亡,但影响鱼体生长,繁殖及商品价值。全国都有此病流行,感染率高,感染强度大,流行季节长。

【病原】常见危害较大的病原有 3 种,分别是多态锚头鳋、草鱼锚头鳋、鲤锚头鳋。它们隶属于桡足亚纲,剑水蚤目,锚头鳋科,锚头鳋属。寄生在鲢鱼、鳙鱼体表、口腔的为多态锚头鳋;寄生在草鱼鳞片下的为草鱼锚头鳋;寄生在鲤鱼、鲫鱼、鲢鱼、鳙鱼、乌鳢、金鱼等体表的为鲤锚头鳋。对鱼体危害最大的是多态锚头鳋。锚头鳋个体大、细长、呈圆筒状,肉眼可见。虫体分头胸、胸、腹三部分,但各部分之间没有明显的界线。寄生在鱼体的为雌鳋,生殖季节其排卵孔上有一对卵囊。这三种锚头鳋的形态区别为:多态锚头鳋的头胸部背角呈“一”字形,与身体纵轴垂直,向两端逐渐尖细,有时稍向上翘起。腹角极短小,位于背角腹面中央,像一对乳头状的突起。研究证实:锚头鳋的寿命,夏季水温在 25 ~ 37℃时虫体平均寿命仅为 20天,春季感染的锚头鳋寿命为 1 ~ 2 月,秋季感染的锚头鳋寿命可长达 5 ~ 7 个月;锚头鳋可分为童虫、壮虫和老虫 3 种形态阶段;被锚头鳋感染的鱼体,具有病后获得免疫的能力,免疫期可长达 1 年,并在血清中测出特异性抗体。草鱼锚头鳋的头胸部背角为一对由横卧的“T”形分枝所组成的“H”形分枝。腹角两对,前一对为蚕豆状,以“八”字形排列在头叶的两旁;后一对腹角基部宽大,向外前方伸出拇指状的尖角。鲤锚头鳋的头胸部有背、腹角各一对,背角末端形成"T"或"Y"形的分枝;腹角细长,末端不分枝。锚头鳋的头部钻入寄主肌肉组织,可引起组织慢性炎症,伤口由于瘀血而出现红斑。水霉菌常侵入伤口,繁殖丛生。虫体后半部露在外面,常有累枝虫、藻类等大量附生,看上去好像一束束灰色的棉絮。大量感染锚头鳋的鱼体像披着蓑衣。锚头鳋对鱼种和成鱼危害都很严重。3~4厘米的幼鱼,有3~5个锚头鳋寄生,就能引起死亡。鳗鲡常因口腔中寄生着锚头鳋,不能开口吃食而引起大量死亡。

【症状】病鱼通常呈烦躁不安、食欲减退、行动迟缓、身体瘦弱等常规病态。锚头鳋寄生在鱼的口腔,虫体头部深入下颚肌肉组织,引起口腔红肿发炎,并有许多出血斑点,口腔内寄生大量锚头鳋会使嘴不能闭合,影响摄食。由于锚头鳋的头角及部分胸部插入鱼体肌肉、鳞下,身体大部分露在鱼体外部,且肉眼可见,犹如在鱼体上插入小针,故又称之为针虫病。当锚头鳋逐渐老化时,虫体上布满藻类和固着类原生动物,大量锚头鳋寄生时,鱼体犹如披着蓑衣,故又有蓑衣病之称。锚头鳋除给鱼病造成机械损伤外,主要是吸食鱼血液和体液,剥夺鳗鱼的营养,造成鱼瘦弱,而且易于引发其他疾病。病鱼持续浮头,游动迟缓。寄生处,周围组织充血发炎,尤以鲢鱼、鳙鱼、团头鲂为明显,影响鱼的商品价值;草鱼、鲤鱼锚头鳋寄生于鳞下,炎症不很明显,但常可见寄生处的鳞片被蛀成缺口。小鱼种仅10多个虫寄生,即可能失去平衡,发育严重受滞,甚至引起弯曲畸形等现象。

【诊断要点】将患锚头鳋病的鱼取出放在解剖盘里,仔细检查病鱼的体表、鳃弧、口腔和鳞片等处,若看到一根根似针状的虫体即是锚头鳋的成虫;锚头鳋的童虫体细如毛发,白色透明无卵囊,如不细心检查,不易发现,需要放大镜或将病鱼直接放在解剖镜下观察;草鱼锚头鳋和鲤锚头鳋都寄生在鳞片下,检查时仔细观察鳞片腹面或用镊子取掉鳞片即可看到虫体。

【破解方案】用生石灰带水彻底清塘,杀灭水中幼虫和带虫的鱼和蝌蚪。利用锚头鳋对寄主有一定选择性的特点,采用轮养方法预防该病发生。用高锰酸钾浸洗病鱼,在水温10~20℃时用20毫克/千克浓度,20~30℃时用10毫克/千克浓度,浸洗1~2小时。每亩水面用五加皮 75～100 千克,浸在水中。每亩水面用松树叶 10～15 千克,捣碎后全池投放。全池泼洒 90% 晶体敌百虫每亩水体200～300 克,每周 1 次,连续 3～4 次,能有效地杀死锚头鳋幼虫。锚头鳋幼体有弱趋光性,早晨和傍晚集中于水面,所以用药时间以早晨和傍晚为好。

二、鳃尾类疾病

鳃尾类中危害鱼的种类主要是鲺。

【流行情况】鲺病国内外都有流行,淡水鱼及咸淡水鱼均受害,从稚鱼到成鱼均可发病,幼鱼受害较为严重,对一龄以上的鱼主要是妨碍其生长,一般不致死。鲺病在广东等温暖地区,一年四季均可流行;在江浙一带 5～10 月流行,长江流域在 5～8 月流行。

【病原】常见的病原有日本鲺、喻氏鲺、大鲺、椭圆尾鲺、鲻鲺等。鳃尾纲动物可用吸盘牢固地吸附在鱼的体表,又能离开寄主短期在水中自由游动,故能从一条鱼转移到另一条鱼,也能随水流传播到其他水体中。多数寄生于淡水鱼体表、口腔壁或鳃上。少数寄生在海鱼体上。日本鲺寄生于鲤鱼、鲫鱼、白鲢等的体表,中国南北均有分布;中华鲺寄生于乌鳢和鳜鱼,分布于长江流域以及河北。海水种有盾形鲺,寄生于鳐或鲀类体表。鳃尾类也侵袭蝌蚪和蝾螈。日本鲺的活体颇透明,与寄主体色相似,呈淡灰色。虫体分头、胸和腹三部分。背甲近圆形,背面有一个“V”字形的透明沟,腹面的前缘和两侧布满倒生的小刺。侧叶末端钝圆,左右两侧不互相重叠。后窦矩形。腹部不分节,长度为背甲长的 1/3,边缘生小刺,尾叉基位。大鲺活体身体的颜色极为美丽,背甲椭圆形,呈半透明的浅荷叶绿色,背面具有以纵肋为轴的 7 对相称的深沟所构成的小区;腹部两叶各自分为内外两部分,外半部呈橄榄绿色,内半部为橘橙色,两色相映非常鲜艳,后窦矩形。尾叉基部。中华鲺的活体深褐色,全体散布着许多深褐色的小圆斑点。腹部盾形。肛窦中央裂,呈三角形。喻氏鲺的体色为绿色,色素主要分布于背甲的边缘。背甲近圆形,侧叶末端钝圆,达腹部前方。腹部很长是喻氏鲺的一个显著特点。尾叉基位。

【症状】鱼体被鲺寄生后,常表现极度不安,在水中狂游或跳出水面,食欲也大大减低,鱼体逐渐消瘦。对幼鱼危害严重,常引起大量死亡。鲺的口器刺伤皮肤,同时会分泌毒液,对鱼体刺激性较大,致病菌乘机侵入体内,造成体表溃烂,加速死亡。3厘米以下的幼鱼体表寄2~3只鱼鲺便会死亡,成鱼的抵抗能力要好一些。

【诊断要点】鲺的虫体大,用肉眼检查即可做出诊断。当鲺吸附在鱼体时,因其颜色与寄主接近,易被忽略,要仔细观察。也可将鱼放入白瓷盘中,有的鲺暂时脱离鱼体进入水中便于观察。但要注意,只有少量鲺寄生,尤其是对较大的鱼,一般危害不大,应进一步仔细检查其他病因。

【破解方案】彻底清塘,可杀死水中的鲺成虫、幼虫和卵块。鱼种下塘前用20克/米^{3}的高锰酸钾溶液浸洗10~20分。每亩1米深水体用马尾松20千克扎成数十把,放入进水口及池四周浸泡,有预防作用。每亩用樟树叶20千克,捣烂后连液带渣泼入池中,有灭鲺作用。用蒿筒根扎成数把,放入鱼池入水口及四周浸泡,有防制作用。

三、等足类疾病

等足类中危害鱼的主要为鱼怪。

【流行情况】鱼怪病在全国各地都有发生。该病一般发生在河流、湖泊、水库等较大水体,对在这些水域进行的网箱养鱼造成一定的危害,池塘中极少发生。主要危害的对象是鲤鱼、鲫鱼、雅罗鱼、马口鱼等。鱼怪在上海、江苏、浙江一带的生殖季节为4月中旬至10月底。

【病原】病原主要为日本鱼怪。一般雌、雄鱼怪成对寄生在鱼的胸鳍基部附近的体腔,并钻穿其肌肉形成一寄生孔。有时亦只寄生一只雌的或雄的。雌虫身体较雄虫大1倍以上,呈乳酪色,常向左或右扭曲。怀卵时,呈笨重的圆球形。雄虫长卵形,身体左右对称。鱼怪身体分头、胸、腹三部分,头部小,呈三角形,深沉于胸部,背面两侧有两只复眼;胸部由7节组成,宽大而隆起;腹部6节,第六节称尾节。鱼怪寄生在鱼胸鳍基部附近的围心腔内,有一孔和外界相通,与鱼体内脏有一层薄膜相隔,这称为寄生囊。在囊口周围及附近,有的地方有脂肪细胞,在表皮脱落处有大量游走细胞浸润。鱼怪寄生鱼种时,可使鱼的鳃和皮肤分泌大量的黏液、表皮破损、充血,鳃小片坏死脱落,鳃丝软骨外露。

【症状】鱼怪成虫寄生在鱼的胸鳍基部附近围心腔后的体腔内,形成寄生囊,囊内通常有一雌一雄鱼怪寄生,有 1 个孔和外界相通;鱼怪幼虫寄生在鱼的体表和鳃上。病鱼身体瘦弱,生长缓慢,严重影响性腺发育,丧失生殖能力。若鱼苗被 1 只鱼怪幼虫寄生,鱼体就失去平衡,很快死亡。若 3~4 只鱼怪幼虫寄生在夏花鱼种的体表和鳃上,可引起鱼焦躁不安,表皮破损,体表充血,尤以胸鳍基部为甚,第二天即会死亡。

【诊断要点】将鱼腹部向上,小心剪开孔口,就可见到寄生的鱼怪,其头部朝向鱼的尾部,腹部向鱼的内脏。

【破解方案】鱼怪的成虫具有很强的生命力,加以它又寄生于寄主体腔的寄生囊内,所以它的耐药性比寄主强,在大面积水域中杀灭鱼怪成虫非常困难。目前主要采用杀死其第二期幼虫的方法切断传播途径。

网箱养鱼,在鱼怪放幼虫的高峰期,选择风平浪静的日子,在网箱内挂 90% 晶体敌百虫药袋,每次用量按网箱的水体积计算,每立方米水体用 1.5 克敌百虫,均可杀灭网箱中的全部鱼怪幼虫。

鱼怪幼虫有强烈的趋光性,大部分都分布在岸边水面,在离岸 9 米以内的一条狭水带中。所以可在鱼怪放幼虫的高峰期,选择无风浪的天气,在沿岸 9 米宽的浅水中撒晶体敌百虫,使沿岸水成 0.5 毫克/升浓度,每隔 3~4 天洒药 1 次,这样经过几年之后可基本上消灭鱼怪。

患鱼怪病的雅罗鱼,完全丧失生殖能力,所在雅罗鱼繁殖季节,到水库上游产卵的都是健康鱼,而留在下游的雅罗鱼有 90% 以上是鱼怪病的患者。在雅罗鱼繁殖季一方面应当保护上游产卵的亲鱼,以达到自然增殖资源的目的,另一方面则可增加对下游雅罗鱼的捕捞,降低患鱼怪病的雅罗鱼比例,减少鱼怪病的传播者。

四、软体动物类疾病——钩介幼虫病

【流行情况】此病对饲养 5~6 天的鱼苗或全长在 3 厘米以上的夏花产生较大影响。流行于春末夏初,每年在鱼苗和夏花饲养期间,正是钩介幼虫离开母蚌,悬浮于水中的时候,故在此时常出现此病。钩介幼虫对各种鱼都能寄生,其中主要危害草鱼、青鱼等生活在较下层的鱼类。

【病原】病原体为三角帆蚌和无齿蚌等的钩介幼虫。蚌的受精和发育在母蚌的外鳃腔里进行,受精卵发育为钩介幼虫后离开母蚌漂浮于水中,一旦和鱼体接触,就寄生在鱼体上,吸取鱼体营养进行发育、变态,成为幼蚌,然后破包囊而沉入水中,居底栖生活,长大为蚌。

【症状】钩介幼虫用足丝黏附在鱼体,用壳钩钩在鱼的嘴、鳃、鳍及皮肤上,吸取鱼体营养,在鱼体上进行变态,当钩介幼虫完成变态后,就从鱼体上脱落下来,这时叫幼蚌。该幼虫用足丝黏附在鱼体上,用壳钩钩在寄生部位,引起周围组织发炎、增生,形成包囊而将幼虫包在其内,包囊外观呈乳白色或米黄色小点。较大的鱼体寄生几十个钩介幼虫在鳃丝或鳍条上,一般影响不大,但对饲养 5~6 天的鱼苗或全长在 3 厘米以下的夏花,则产生较大的影响,特别是寄生在嘴角、口唇或口腔里,能使鱼苗或夏花丧失摄食能力而饿死;寄生在鳃上,因妨碍呼吸,可引起窒息而死,并往往可使病鱼头部出现红头白嘴现象,因此群众称它为"红头白嘴病"。

【诊断要点】根据症状及流行情况可做出初步诊断、确诊,则可取包囊用显微镜检查虫体。

【破解方案】用生石灰彻底清塘,以杀死蚌类。鱼苗及夏花培育池内不能混养蚌,进水须经过过滤(尤其是在进行饲蚌育珠的单位附近),以免钩介幼虫随水带入鱼池。发病初期,用人工摸蚌法彻底清除池中的蚌类,或将病鱼转到没有河蚌鱼池饲养,均可使病情好转。

第七节　非寄生性疾病安全防控关键技术

一、机械损伤

【病因】在水产养殖过程中,捕捞、运输等生产活动常因工具不当和操作不慎等造成脱鳞、折鳍、皮肤及肌肉碰伤、擦伤,尤其水中爆破,因强烈的振动、破坏水产动物神经系统,使其呈麻痹状态,丧失正常的活动能力,漂浮于水,甚至死亡。在生产操作和运输中易造成鱼体皮肤擦伤、裂鳍等机械性损伤,继发细菌感染和霉菌感染,并以烂鳍和生长水霉为主要症状。

【流行情况】主要为鱼苗、小规格鱼种分养操作及大规格鱼种长途运输、亲鱼的人工授精等操作后受伤引起。无明显的地域性,各种鱼类均可发生。

【破解方案】因水产动物生活于水环境的特殊性,难以敷药、包扎,因此最易被病原生物入侵而继发感染,治疗十分困难。因此,在生产上以预防为主,其主要预防措施是:在拉网锻炼、捕捞、运输中要细心操作,并尽量减少捕捞和长途运输;使用适当的工具,避免由工具引起的损伤;出苗时,暂养时间不要过长,并尽可能降低暂养箱的放养密度;苗种运输时适当降温,降低鱼类的活动。鱼种入池或入网箱前要用每立方米20克的高锰酸钾溶液或3%～5%的食盐水溶液浸洗消毒。

二、气泡病

【病因】气泡病就是养殖池水中含氮量或溶氧量过饱和而进入鱼体栓塞在组织内的疾病。水体中产生过饱和气体的原因很多,常见的有:①水中浮游植物过多,在强烈阳光照射的中午,水温高,藻类光合作用旺盛可引起水中溶氧过饱和。②池塘中因底泥较厚,含有大量有机质或施放过多未经发酵的肥料,有机质在池底不断分解,消耗大量氧气,在缺氧情况下,分解放出很多细小的甲烷、硫化氢气泡,鱼苗误将小气泡当浮游生物而吞入,引起气泡病。③有些地下水含氮过饱和,或地下有沼气,也可引起气泡病。④在运输途中,人工送气过多;或抽水机的进水管有破损时,吸入了空气;或水流经过拦水坝成为瀑布,落入潭中,将空气卷入,均可使水成为气体过饱和。⑤水温高时,水中溶解气体的饱和量低,所以当水温升高时,水中原有溶解气体,就变成过饱和而引起气泡病。⑥在北方冰封期间,水库的水浅,水清瘦、水草丛生,则水草在冰下营光合作用,也可引起氧气过饱和,引起几十千克重的大鱼患气泡病而死。

【流行情况】气泡病是养殖管理不当的常见病,主要发生于池塘养殖,大水面通常不会出现。水中某种气体过饱和,都可引起水产动物患气泡病;越幼小的个体越敏感,鱼苗和鱼种阶段均可以发生。主要危害鱼苗,发病率高达80%。如不及时抢救,可引起幼苗大批死亡,甚至全部死光;较大的个体亦有患气泡病的,但较少见,危害较小。

【症状】病鱼最初感到不舒服,在水面作混乱无力游动,不久在体表及体内出现气泡,当气泡不大时,鱼、虾还能反抗其浮力而向下游动,但身体已失去平衡,时游时停,随着气泡的增大及体力的消耗,失去自由游动能力而浮在水面,不久即死。有的因血管内有大量的气泡,引起栓塞而死。急性病例易发生于鱼卵孵化期或鱼苗期,病程往往只有几分钟,却可造成100%死亡率。主要症状为腹部膨大、突眼、鳃丝肿大及卵黄囊异常膨大,发现时往往只见到腹部膨大已经死亡之鱼苗。但是绝大多数病例属于慢性,死亡率低,但是所产生的症状与病变则较多且明显。

【诊断要点】根据症状即可诊断,但疾病发生初期通常无法用肉眼观察。气泡病的外观症状是在体表隆起大小不一的气泡,常见于头部皮肤(尤其是鳃盖),眼球四周及角膜,对光检查上述部位不难发现气泡的存在。若气泡蓄积在眼球内或眼球后方,会引起眼球肿胀,严重时可将眼球向外推挤而突出,所以本病亦为突眼症原因之一。若气泡栓塞而鳃丝血管则会引起病鱼呼吸困难,而浮游水面,可取病鱼之鳃丝进行鳃压片镜检,而鳃丝血管中很容易看到气体栓子。

【破解方案】

1. 预防

注意不引进含有某种过饱和气体的水源。进水管要及时维修,防止抽入空气,北方冰封期,应在冰上打一些洞等。

苗种池施用的有机肥必须是充分腐熟的,且用量要适当。水较浅、水又肥的鱼池在放苗前应先加注一定量的新水,以稀释原水体中的气体浓度。

在晴天中午表层水达到氧盈时,开动增氧机 1 小时左右,搅动水体,使上下水层打破温跃层的阻隔,进行上下物质循环和溶氧交流,使水体上下层溶氧均匀,不至于过饱和。

放苗入池的时间最好安排在傍晚,切忌在上午 10 点到下午 3 点放苗。如果迫不得已,则应在苗池上空搭棚遮阳。

泼洒微生物水质改良剂,以调节藻相平衡、水质肥瘦、底质状况,从而降低发病概率。

2. 治疗

一旦发病,立即泼洒食盐水,每亩水体用食盐 3 千克,以此调节鱼体内外的渗透压,使体内气体渗出体外水中去。待病情减轻后,再大量换注水。鱼种或成鱼患气泡病,可将其转移到清新的微流水中去暂养,它们会很快好转。

若条件许可,向鱼苗池大量注入较低温度的水,使水温下降 2℃左右。因为水温低时,水中溶解气体的饱和量相对较高,所以当水温降低时,水中原有的溶解气体就变得不饱和而能使病情得到缓解。

停喂 3 天,连续不断加注清水,在第四天症状减轻后,开始用大蒜药饵(每 100 千克鱼体重用大蒜 600 克,捣碎后拌青饲料投喂)连续投喂 3 天。

三、水生生物引起的中毒

(一)微囊藻引起的中毒

【病因】主要由铜绿微囊藻和水花微囊藻等微囊藻属蓝藻引起。当微囊藻大量繁殖时,大量群体漂浮于水面呈现翠绿色,在下风处形成一层绿膜。微囊藻死后,蛋白质分解产生羟胺、硫化氢等有毒物质,轻者影响摄食,重则引起大量死亡。在白天蓝藻进行光合作用时,pH 可上升到 10 左右,此时可使鱼体硫胺酶活性增加,在硫胺酶作用下,维生素 B_1 迅速发酵分解,使鱼缺乏维生素 B_1,导致中枢神经和末梢神经系统失灵。此外,其产生的微囊藻毒素也能够使鱼类中毒。

【流行情况】微囊藻引起的中毒通常发生于夏季和秋季。微囊藻喜生长在温度较高(10～40℃,最适温度为 28.8～30.5℃)、碱性较高(pH 8～9.5)及富营养化的水中。可危害多数鱼类,鳙鱼鱼种对此特别敏感。当微囊藻的群体数量达到每升水 50 万个时,鱼体会中毒;当每升水达到 100 万个以上时,四大家鱼等大量死亡甚至引起泛塘。

【症状】中毒初期的鱼,表现焦躁不安、呼吸频率加快、活动失常、急剧狂游、痉挛、失去平衡、游动急促,方向不定,不久趋于平静,中毒鱼逐渐向背风浅水池集中,受惊后缓慢游向深水,不久又返回。鱼体表分泌大量黏液,胸鳍基部明显充血并逐渐扩展到各鳍基部。随着中毒时间延长,中毒程度的加深。鱼体色变淡,反应越来越迟钝,呼吸频率降低。胸鳍以后的鱼体开始麻痹、僵直。鱼布满池塘四周及浅水处,在水下静止不动,但不浮头,受惊无反应。中毒后期,鱼不浮头,不到水面吞取空气,而是以平静的麻痹和呼吸困难中死去。微囊藻毒素对泥鳅胚胎的毒性试验结果显示,其对泥鳅胚胎有强烈的致畸效应。

【破解方案】

1. 生态防制措施

合理的放养,在一个鱼塘中放养一定量的鲢鱼和鳙鱼,避免单纯投放吞食性鱼类造成的水体富营养化,保证水体的生态平衡。经常向鱼塘中注入新水或施入酸性的肥料,对水体进行调节。定期投放微生态制剂 PSB(光合细菌)、EM 菌等,促进水体营养物质的良性循环。在一些条件允许的情况下,可适量放入莫桑比克罗非鱼和尼罗罗非鱼,利用其能够吞食消化微囊藻,对微囊藻进行控制。

2.药物防制措施

发现鱼塘中有微囊藻时,傍晚或清晨可在下风口微囊藻聚集的地方用硫酸铜(浓度为0.7毫克/升)或藻苔净泼洒,泼洒药后开增氧机,以防浮头。

当池塘大面积暴发微囊藻时,晴天上午先抽去池塘1/4或1/3上层水,然后注入部分新水,傍晚用藻苔净泼洒全塘的1/3,连用3~5天(根据实际情况而定),最后一天用解毒应急灵解毒,效果显著。

清晨,当藻类上浮聚集时,可用络合铜(毒性小,不受pH和酸性离子等影响,泼洒浓度为0.5~0.8毫克/升)或生石灰粉泼洒在藻体上,连用3~5天,可以解决。

(二)甲藻引起的中毒

【病因】甲藻主要是多甲藻属和裸甲藻属的一些种类大量繁殖引起的。甲藻多生长在小型池塘和小型湖泊中,尤其喜生长在含有机质多、硬度大、微碱性的水中。当甲藻在温暖季节大量繁殖时,水体在阳光的照射下反映出红棕色,群众称这种现象为"红水"。甲藻大量繁殖死亡后,产生的甲藻素可使水产养殖动物中毒死亡。甲藻对环境因素改变非常敏感,如水温、pH变化都会引起甲藻的大量死亡。

【流行情况】我国多数地区都有发生,一般多发于温暖季节。在池塘养殖中,甲藻引起的中毒症状全年都可见到但以春末、夏初为多。

【症状】鱼类代谢失调,呼吸急促,有浮头症状。

【诊断要点】池塘水为红棕色,藻类死亡后鱼出现浮头和死亡。

【破解方案】当甲藻大量繁殖时,可及时换水使水体的温度和水质发生改变,抑制其生长;或傍晚用藻苔净泼洒1/3的水面,可有效杀灭甲藻。

(三)三毛金藻中毒

【病因】主要是由小三毛金藻和舞三毛金藻引起。因其耐低温,其他藻类受温度限制,三毛金藻成为优势种大量繁殖,在鱼塘中大量繁殖时大量产生的神经性毒素和细胞毒素等,引起水产动物中用鳃呼吸的鱼类中毒死亡。

【流行情况】三毛金藻又名土栖藻,流行于盐碱的池塘、水库等半咸水水体,危害鲢鱼、鳙鱼、鳊鱼、草鱼、梭鱼、鲤鱼、鲫鱼、鳗鱼等多种鱼类及用鳃呼吸的水产动物,对鲢鱼和鳙鱼的危害最大。鱼类自夏花至亲鱼均可受害,一年四季都有发生,尤其是春、秋、冬季发生频繁。发病池水一般呈棕褐色,水的透明度大于 50 厘米,溶氧丰富,pH7.2 ~9.6,盐度较高,总氨含量小于 0.25 毫克/千克。

【症状】中毒初期,鱼类急躁不安,狂游乱窜,方向不定,呼吸频率加快;不久就趋于平静,反应迟钝,逐渐向背风浅水处几种。鱼体分泌大量黏液,胸鳍几部充血明显,扩展到各鳍部,鱼体后部颜色变浅,呼吸困难,频率逐渐降低。对中毒事件的延长,自胸鳍以下的鱼体麻痹、僵直,背鳍、腹鳍、尾鳍不能摆动,鳃盖、眼眶周围、下颌、体表充血,红斑大小不一,有的连成片。鱼聚集岸边,头朝岸边,排列整齐,静止不动,受惊无反应,不久即失去平衡而死。有的鱼死后,鳃盖张开,眼睛突出,积有腹水。小三毛金藻中毒不像微囊藻和甲藻中毒那么快,当中毒时鱼体分泌大量黏液,各鳍充血 1 ~ 2 天后才会出现大量死亡。

【破解方案】定期向池塘中投放铵类化肥(如:有机肥料),发病初期立即加注新水,排除一些老水。

在 pH 为 8 左右、水温 20℃ 左右时,可以泼洒铵盐类药物(病毒净,按说明书使用)或泼洒尿素(每亩水深 1 米用 8 千克),可使三毛金藻膨胀解体直至全部死亡。

发病鱼池早期,全池泼洒 0.3% 黏土泥浆水吸附毒素,在 12 ~ 14 小时内,中毒鱼类可恢复正常,不污染水体,但三毛金藻不被杀死。

当症状出现时,有条件的应大量换水,边排边注,换去池水的 1/3 ~ 1/2。

四、化学物质引起的中毒

（一）化学农药中毒

我国生产的农药品种很多,主要有有机氯、有机磷、有机砷、有机硫和其他无机制剂等。有机磷农药使用较多。敌百虫、敌敌畏等具有残留期短等优点,但在一定浓度范围内,对鱼类皮肤具有明显的毒性,中毒途径主要通过鱼的呼吸、皮肤接触、吞食受污染的饲料等。当敌敌畏进入血液内即与血液内胆碱酯酶直接结合,作用非常迅速剧烈。乐果进入体内,必须通过肝脏,由肝脏转化才能发挥强力作用。

【症状】有机磷的中毒症状是鱼类侧游、狂游、冲撞,然后游动缓慢,鳃部充血,骨骼畸形,体色渐趋变黑,鱼体表面凹凸不平、弯曲,椎体粘连,严重时引起死亡。

【破解方案】防止农药进入水体。

（二）重金属对鱼的影响

重金属对水产动物的毒性一般以汞最大,银、铜、镉、铅次之。当上述重金属在水中达到一定数量后,对鱼产生毒害作用。毒害程度取决于该金属元素的化学性质。金属元素及其化合物污染有机体后,其迁移转化具有以下特点:①大多数金属离子及其化合物易被水中胶状颗粒、悬浮物、泥土细料所吸附而沉淀在淤泥中。②金属污染物质比较稳定,不易被生物分解。③金属离子在水中的迁移转化与水体的 pH 和氧化还原条件关系密切。④大多数重金属和某些金属离子及其化合物易被生物和鱼类吸收,并通过食物链逐级累积。

【症状】重金属对鱼的毒害,有外毒和内毒两个方面。外毒为鳃和体表分泌的黏液结合,覆盖整个鳃和体表,使鳃丝正常活动发生困难,致使鱼类窒息死亡。内毒是重金属进入鱼体后,与体内的主要酶结合,抑制酶的活性,妨碍机体的代谢作用,引起死亡。

【破解方案】某些土壤中重金属含量较高,对新开挖的鱼池所养的鱼苗种造成伤害。如果超过国家标准,则不能使用。避免工厂废水流入池塘。

五、其他

(一)青泥苔

青泥苔是一种丝状绿藻,它包括星藻科中的水绵、双星藻和转板藻三属的一些种类,多生长在鱼池浅水处。春季温暖时开始繁殖生长,长成一缕缕绿色的细丝,竖立在水中,像毛发一样附生池底。颜色深绿,稍长好似罗网悬张于水中。衰老时丝体断离池底,浮在水面,形成一团团乱丝,棉絮状飘浮于水面,颜色呈绿色,用手触动有滑感。

【危害】大量繁殖时,吸取水中肥力,影响鱼类饵料生物的繁殖,影响鱼苗的生长。鱼苗和早期夏花鱼种游入其中,往往被乱丝缠住游不出来而造成死亡。鱼池中如有大量的青泥苔,不仅直接危害鱼苗和早期夏花鱼种,也消耗池中养料,使池水变瘦,鱼苗所需饵料生物不能大量繁殖。另外,还可附着在虾、蟹等养殖动物的鳃、颊、额等处,使其活动困难,摄食减少,严重时窒息死亡。

【预防与清除】生石灰干法清塘,可以杀灭青泥苔。未放养水产动物的池塘,可按每亩50千克草木灰撒在青泥苔上,使它得不到阳光而死亡。每亩投放35千克枫树沤水,或用枫树叶煮水后泼洒在藻体上,也有杀死藻体的作用。

(二)水网藻

【危害】与青泥苔的危害方式基本一样,且比青泥苔更严重。水网藻是一种绿藻,它的集结体像网袋,生长在浅水池塘里。通常在春末夏初时大量繁殖,特别喜欢在有机物较多的肥水中生长。大量繁殖时,像一张渔网似的悬浮在水中,对鱼类危害严重。鱼苗误入罗网后,往往游不出来而死亡,对鱼苗的危害比青泥苔更为严重。水网藻在我国分布很广,它喜生长在浅水沟和池塘里,尤其是含有机质丰富的肥水中,繁殖很快,用茶饼清塘的鱼池,能促使它大量繁殖。

【预防与清除】生石灰干法清塘,可以杀灭青泥苔。未放养水产动物的池塘,可按每亩 50 千克草木灰撒在青泥苔上,使它得不到阳光而死亡。

(三)跑马病

【流行情况】跑马病主要发生在鱼苗至夏花培育阶段,常见于草鱼、青鱼。此病主要是由于缺乏食物引起的。多因鱼苗下塘后,阴雨连绵,水温较低,池水肥不起来,缺乏鱼苗适口的饵料。池塘漏水,也能引起跑马病,因漏水影响水质不肥,也能引起跑马病。

【症状】鱼苗下塘后 10 多天,鱼苗绕鱼池边成群狂游,长时期不停止,如跑马状,故称跑马病。由于鱼成群结队围着池边狂游不停,造成体力过分消耗,使鱼体消瘦,体力枯竭,最后大量死亡。

【破解方案】找出患病原因,如果是因缺乏食物引起的,一是要注意鱼苗放养不能过密,特别是草鱼、青鱼;二是鱼苗饲养 10 天左右后,需投喂一些豆浆或豆渣等草鱼、青鱼苗适口饵料;三是因鱼池漏水引起的,要及时堵塞漏洞。发现跑马病的鱼池,可用芦席从池边向中间横立,隔断鱼苗成群狂游的路线。

附　录

附录一　常用渔药配伍禁忌

类别	药品名称	注意事项及配伍禁忌
化学消毒剂	生石灰	现配现用,晴天用药效果更佳。不宜与漂白粉、重金属盐、有机络合物等混用
	含氯石灰	不能与酸类、福尔马林、生石灰等混用
	高锰酸钾	长时间使用本品易使鳃组织损伤,药效受有机物含量、水温等影响。不宜与氨制剂、碘、酒精、鞣酸等混用
	二氯异氰脲酸钠、三氯异氰脲酸	现配现用,宜在晴天傍晚施药,避免使用金属容器具。保存于干燥通风处。不与酸、铵盐、硫黄、生石灰等配伍混用
	二氧化氯	现配现用,药效受风、光照等影响。不得用金属容器盛装,不宜与其他消毒剂混用
	季铵盐	不可与其他阳离子表面活性剂、碘制剂、高锰酸钾、生物碱及盐类消毒药合用
	碘制剂	密闭避光保存于阴凉干燥处,杀菌效果受水体有机物含量的影响。不宜与碱类、重金属盐类、硫代硫酸钠、季铵盐等混用

类别	药品名称	注意事项及配伍禁忌
化学杀虫剂	硫酸铜	药效与温度成正比,与有机物含量、溶氧、盐度、pH 成反比;不宜经常使用,与氨、碱性溶液生成沉淀
	敌百虫	配置、泼洒不用金属容器;除可与面碱合用外,不与其他碱性药物合用,中毒需用阿托品、碘解磷定、654-2 等解毒
	甲苯达唑	使用时,用冰醋酸溶解及乳化效果更佳;药浴需维持36~48 小时;高温时,为防止中毒不可高剂量使用。对甲苯达唑敏感的鱼类不宜使用
	阿苯达唑	避光、密闭保存。如投药量达不到有效给药剂量,只能驱除部分鱼体中的虫体
	溴氰菊酯、氯氰菊酯、阿维菌素、辛硫磷等	不可与碱性药物混用。在技术人员指导下使用
	硫酸锌	药效与温度成正比,与有机物含量、溶氧、盐度、pH 成反比;不宜经常使用,与氨、碱性溶液生成沉淀
抗微生物药	恩诺沙星	钙离子、铝离子等重金属离子共用会降低药作用
	硫氰酸红霉素	不宜与麦角胺或二麦角胺配伍
	氧氟沙星	不宜与四环素、氨基糖苷类药物配伍合用,合用时应酌情减少用药。抗酸药物可影响本品吸收代谢
	沙拉沙星	毒副作用低,与其他药物无交叉耐药性,对已对抗生素、磺胺类药物产生耐药的菌株仍非常敏感

类别	药品名称	注意事项及配伍禁忌
抗微生物药	土霉素	避光保存,和青霉素合用,抑制青霉素的杀菌作用,与中性及碱性溶液合用,分解失效,不与对肝脏有毒的药物合用,钙、铝离子、卤素、碳酸氢钠、凝胶等可影响本品吸收
	多西环素	吸湿性,避光,含钙、镁、铝、铁等离子的物质及抗酸剂等影响此药的吸收,避光合用
	庆大霉素	在碱性环境中作用加强,不可与肝素、氯唑西林等合用
	卡那霉素	毒性较大,不可与碱性药物合用,以免增强毒性
	罗红霉素	不宜与麦角胺或二麦角胺配伍
	诺氟沙星	与利福平有拮抗
	利巴韦林	长期大剂量会引起贫血
	制霉菌素	避光、密闭保存
中药	板蓝根	与广豆根联用,可提高对病毒感染的疗效
	黄连	不宜与碘制剂、碱性药物、重金属盐、维生素 B_6 等同时服用。与山莨菪碱联用,提高治疗肠道霉菌病疗效
	大黄	不宜与含重金属离子的药物、生物碱等同时服用;长期服用后,需补充维生素 B_1;与红霉素、利福平等联用,药效降低
	黄芩	与氢氧化铝可形成络合物,不宜同时服用;与利胆药联用,有协同效应
	五倍子	不宜与任何化学药物同时服用;水煎液可做重金属盐、生物碱、苷类中毒时的解毒剂
	穿心莲	与抗菌药、糖皮质激素联用可增强疗效,减轻副作用

类别	药品名称	注意事项及配伍禁忌
中药	金银花	与青霉素、黄芩、连翘、蒲公英、地榆、黄芪等联用,可增强疗效
	辣蓼	与苦楝树叶、生石灰、尿、盐制成合剂效果更佳
	大蒜	与硫代硫酸钠联用,效果更显著
	贯众	肠胃道不易吸收,过量会对肝、肾功能有损害,中毒可用电解质等解救
	使君子	与大黄、鹤虱配伍可提高驱虫力;中毒可用绿豆、甘草等解救
	槟榔	可与烟碱、使君子、苦楝皮、南瓜子联用,可提高疗效;不可与有机磷杀虫剂合用;解救可用阿托品、高锰酸钾等
	苦楝皮	不可与新斯的明联用;中毒可用甘草、绿豆汤、高锰酸钾及阿托品等解救

附录二　常用渔药休药期

药物名称	停药期(天)	适用对象
敌百虫(90%晶体)	≥10	鲤科鱼类、鳗鲡、中华鳖、蛙类等
漂白粉	≥5	鲤科鱼类、中华鳖、蛙类、蟹、虾等
二氯异氰脲酸钠(有效氯55%)	≥7	鲤科鱼类、中华鳖、蛙类、蟹、虾等
三氯异氰脲酸(有效氯80%以上)	≥7	鲤科鱼类、中华鳖、蛙类、蟹、虾等
土霉素	≥30	鲤科鱼类、中华鳖、蛙类、蟹、虾等
磺胺间甲氧嘧啶及其钠盐	≥37	鲤科鱼类、鳗鲡、中华鳖、蛙类、蟹、虾等
磺胺间甲氧嘧啶及磺胺增效剂的配合剂	≥30	鲤科鱼类、中华鳖、蛙类、蟹、虾等
磺胺间二甲氧嘧啶	≥42	虹鳟
磺胺甲基异噁唑(SMZ)	≥30	鱼类、虾、蟹类等
氟苯尼考	≥7	鳗鲡
噁喹酸	≥16	各种鱼类、虾、蟹类
二氧化氯	≥10	鱼、虾、蟹等
其他允许使用药品	≥30	

附录三　无公害水产养殖严禁使用的渔用药物

药物名称	化学名称(组成)	别名
地虫硫磷	O,O－二乙基－S－苯基二硫代膦酸脂	大风雷
六六六[BHC(HCH)]	1,2,3,4,5,6－六氯环己烷	
林丹	y－1,2,3,4,5,6－六氯环己烷	丙体六六六
毒杀芬	八氯莰烯	氯化莰烯
滴滴涕(DDT)	2,2－双(对氯苯基)－1,1,1－三氯乙烷	
甘汞	二氯化汞	
硝酸亚汞	硝酸亚汞	
醋酸汞	醋酸汞	
呋喃丹	2,3－氢－2,2－二甲基－7－苯并呋喃－甲基氨基甲酸酯	克百威、大扶农
杀虫脒	N－(2－二甲基4－氯苯基)N`,N`－二甲基甲脒酸盐	克死螨
双甲脒	1,5－双(2－,4－二甲苯基)－3－甲基,1,3,5－三戊二烯－1,4	二甲苯胺脒
氟氯氰菊酯	(R,S)－a－氰基－3－苯氧苄基(R,S)－2(4－二氯甲氧基)－3－甲基丁酸酯	保好江乌氯氰菊酯
五氯酚钠	五氯酚钠	
孔雀石绿	$C_{23}H_{25}CIN_2$	碱性绿,盐块绿,孔雀绿
锥虫肿胺		
酒石酸锑钾	酒石酸锑钾	
磺胺噻唑	2－(对氨基苯碘酰胺)－噻唑	消治龙
磺胺脒	N－1－脒基磺胺	磺胺脒

药物名称	化学名称（组成）	别名
呋喃西林	5-硝基呋喃醛缩氨基脲	呋喃西林
呋喃唑酮	3-（5-硝基糠叉胺基）-2-噁唑烷酮	呋喃唑酮
呋喃那斯	6-羟甲基-[-5-硝基-2-呋喃基乙烯基]吡啶	P-7138（实验名）
氯霉素（包括其盐、酯及制剂）	由委内瑞拉链霉素生产或合成制成	
红霉素	属微生物合成，是 *streptomyces eyythreus* 生产的抗生素	
杆菌肽锌	由枯草杆菌 *baciLLus subtiLis* 或者 *b. Leicheniformis* 所产生的抗生素，为一含有噻唑环的多肽化合物	枯草杆肽
泰乐菌素	*S. fradiae* 所产生的抗生素	
环丙沙星	为合成的第三代喹诺酮类抗菌药，常用盐酸盐水合物	环丙沙星
阿伏帕星		阿伏霉素
喹乙醇	喹乙醇	喹酰胺醇羟乙喹氧
速达肥	5-苯硫基-苯并咪唑	苯硫哒唑氨甲基甲酯
己烯雌酚（包括雌二醇等其他类似合成等雌性激素）	人工合成的非甾体雌激素	己烯雌酚
甲睾酮（包括丙酸睾酮，美雄酮以及同化物等雄性激）	睾丸素 Cl, 的甲基衍生物	甲睾酮甲基睾酮

主要参考文献

[1] 黄琪琰. 水产动物疾病学. 上海:上海科学技术出版社,1993.

[2] 汪开毓. 鱼病防制手册. 成都:四川科学技术出版社,1998.

[3] 农业部《新编渔药手册》编撰委员会. 新编渔药手册. 北京:中国农业出版社,2005.

[4] 张剑英. 鱼类寄生虫学. 北京:科学出版社,1990.

[5] 江育林. 水产动物疾病诊断图鉴. 北京:中国农业出版社,2003.

[6] 杨先乐. 特种水产动物疾病的诊断与防制. 北京:中国农业出版社,2000.

[7] 战文斌. 水产养殖动物病害学. 北京:中国农业出版社,2004.

[8] 黄琪琰. 鱼病诊断与防制图谱. 北京:中国农业出版社,1999.

[9] 陈毕生. 水产动物常见病害防制与用药手册. 广州:广东科学技术出版社,2003.